Nita Mohabansi

Nanofotocatálise de corantes em águas residuais

Nita Mohabansi

Nanofotocatálise de corantes em águas residuais

ScienciaScripts

Imprint
Any brand names and product names mentioned in this book are subject to trademark, brand or patent protection and are trademarks or registered trademarks of their respective holders. The use of brand names, product names, common names, trade names, product descriptions etc. even without a particular marking in this work is in no way to be construed to mean that such names may be regarded as unrestricted in respect of trademark and brand protection legislation and could thus be used by anyone.

Cover image: www.ingimage.com

This book is a translation from the original published under ISBN 978-3-659-77716-5.

Publisher:
Sciencia Scripts
is a trademark of
Dodo Books Indian Ocean Ltd. and OmniScriptum S.R.L publishing group

120 High Road, East Finchley, London, N2 9ED, United Kingdom
Str. Armeneasca 28/1, office 1, Chisinau MD-2012, Republic of Moldova, Europe
Printed at: see last page
ISBN: 978-620-8-13921-6

ÍNDICE DE CONTEÚDOS:

CAPÍTULO 1
INTRODUÇÃO

Introdução

"Nano" é uma palavra grega que significa anão. Significa um bilionésimo ou 10^{-9} . Se este fator 10 for expresso em metros, a quantidade é designada por 1 nanómetro. Os comprimentos típicos das ligações carbono-carbono, ou o espaçamento entre estes átomos na molécula, são da ordem de 0,12-0,15 nm [1]. Nanociência é o estudo do fenómeno e da manipulação de materiais às escalas atómica, molecular e macromolecular, em que as propriedades diferem significativamente das de uma escala maior. "Nanotecnologia" abrange a conceção, a caraterização, a produção e a aplicação de estruturas, dispositivos e sistemas através da manipulação controlada do tamanho e da forma à escala nanométrica (atómica, molecular ou macromolecular); produz estruturas, dispositivos e sistemas com pelo menos uma caraterística ou propriedade nova.

Bulk Gold	Gold as nanoparticles
•Shiny •Always gold in colour •Inert •Conducts electricity	•Varies in appearance depending on size and shape of cluster •Never gold in colour, found in a range of colour •A very good catalyst •Not a metal but a semiconductor

Comparison

Bulk gold

Fig. 1 Comparação entre o volume e as nanopartículas

Para sermos mais claros, consideremos o exemplo do ouro. O ouro a granel é um metal. É brilhante e de cor dourada. Tem as propriedades habituais dos metais, tais como: boa condutividade do calor e da eletricidade. É um catalisador fraco. Mas quando o mesmo ouro é considerado à nanoescala, as nanopartículas têm cores diferentes em meios diferentes. Servem como excelentes catalisadores e são semicondutoras por natureza.

Assim, este tópico trata de conferir as propriedades desejadas e melhorar muitas propriedades de um material macro. Atualmente, existe um vasto campo de investigação em nanotecnologia [2]. A investigação sobre nanopartículas, que inclui o fabrico e a caraterização das propriedades estruturais, físicas e químicas e as suas funções em vários domínios da tecnologia, é um pilar fundamental da nanotecnologia e da nanociência. As aplicações das nanopartículas são conhecidas em muitos domínios, como a catálise, o revestimento, os semicondutores, os produtos farmacêuticos e a eletrónica. Entre todas as matérias práticas que são produzidas à escala nanométrica, os óxidos metálicos são principalmente candidatos atractivos de um ponto de vista tecnológico e científico.

As caraterísticas distintivas dos óxidos metálicos fazem deles a classe mais variada de materiais e têm propriedades que abrangem quase todos os aspectos da física do estado sólido e da ciência dos materiais. A utilização de nanopartículas de óxidos metálicos tornou-se prometedora na química do estado sólido devido às suas propriedades e estruturas extremamente variadas [3]. Apresentam propriedades magnéticas e electrónicas fascinantes.

A utilização de nanopartículas de óxidos metálicos é adequada para muitas aplicações, tais como biomédicas, catálise, produtos farmacêuticos, revestimentos de superfícies, semicondutores e no domínio da medicina.

De entre todas as nanopartículas de óxido metálico, o óxido de cobre é o que tem suscitado maior interesse devido às suas vastas aplicações, tais como a tecnologia das células solares [4], emissão de campo [5], meios de armazenamento magnético [6], aplicação em baterias de iões de lítio [7], deteção de gases [8], administração de medicamentos, imagiologia por ressonância magnética e dispositivos de emissão de campo [9].

Foram propostos muitos métodos físicos e químicos diferentes para sintetizar CuO (NPs). Estes métodos incluem a precipitação rápida [10], a decomposição térmica [11], a redução química [12], a deposição de vapor [13], a eletroquímica [14] e a irradiação por micro-ondas [15]. Foram sintetizadas diferentes morfologias por estes métodos, tais como nanoesferas [16], nanobastões e nanofios [17], nanodendritos [18] e nanoflores [19].

Os métodos de precipitação rápida e hidrotérmico são os mais utilizados por serem seguros e amigos do ambiente [20]. A utilização do método de precipitação rápida é particularmente mais atractiva devido à sua relação custo-eficácia e simplicidade de funcionamento. O óxido cúprico (CuO) é um óxido de metal de transição com um material semicondutor do tipo p, uma estrutura cristalina monoclínica e uma estrutura indireta
(Eg) de 1,0 eV a 2,08 eV [21, 22]. Na síntese de nanopartículas de óxidos metálicos, os polímeros são utilizados para estabilizar a agregação dos átomos metálicos. A polivinilpirrolidona (PVP) é o polímero mais utilizado na preparação de óxidos metálicos devido à sua forma distinta, aos sais metálicos dissolvidos e à facilidade de transporte. Além disso, o PVP pode ser controlado cinética e termodinamicamente. Zhang et al. [23] usaram PVP como agente de cobertura para sintetizar nanocubos de Cu2O. Park et al. [24] utilizaram PVP para fabricar nanocubos de Cu2O e

nanopartículas de CuO. De acordo com resultados de investigação recentes, a razão molar de OH- pode influenciar a forma e o tamanho dos produtos. Li et al. [25] obtiveram nanoestruturas de CuO com diferentes tamanhos e formas através da técnica rápida.

Algumas propriedades notáveis das nanopartículas-

Forças **intermoleculares-**

Sabemos que a força gravitacional entre dois corpos (ou partículas) é diretamente proporcional ao produto das suas massas e inversamente proporcional ao quadrado da distância entre eles.

$$F = GM_1M_2/R^2\text{; G é a constante gravitacional universal}$$

A massa das nanopartículas é extremamente pequena; existe uma força muito pequena entre duas nanopartículas. Por outro lado, a força electromagnética de atração e repulsão é dada por

$$F = K.q_1q_2/R^2$$

Assim, esta força é independente da massa. Assim, a força electromagnética entre dois protões chega a ser 10^{36} do que a força gravitacional.

Fig. 2. Demonstração das forças electromagnéticas

Efeito **de confinamento quântico**

Este efeito é observado quando o diâmetro da partícula é da magnitude do comprimento de onda da função de onda do eletrão. Quando os materiais são tão pequenos, as suas propriedades ópticas e electrónicas desviam-se substancialmente das dos materiais a granel. Uma partícula comporta-se como se fosse livre, quando a dimensão de confinamento é grande em comparação com o comprimento de onda da partícula. Durante este estado, o intervalo de banda permanece na sua energia original, devido ao estado de energia contínua. À medida que a dimensão do confinamento diminui e atinge um certo limite, normalmente em nanoescala, o espetro de energia passa a ser discreto. Assim, o intervalo de banda torna-se dependente do tamanho. Isto resulta, em última análise, numa deslocação azul (para uma região de menor comprimento de onda) na iluminação ótica, à medida que o tamanho das partículas diminui[4] .

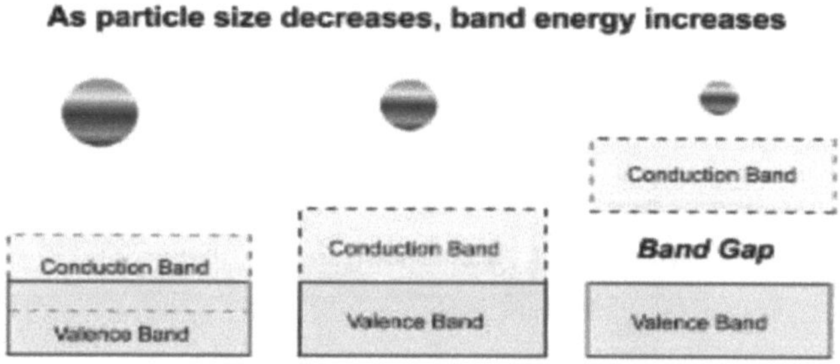

Fig. 3 Energia do intervalo de bandas

Área de superfície-

A área de superfície do catalisador deve ser suficientemente grande, de modo a que uma maior quantidade de reagente seja adsorvida de cada vez; consequentemente, maior é a taxa de reação (uma vez que a taxa varia diretamente com a concentração de espécies activas). Por exemplo, um cristal finamente pulverizado apresenta uma superfície maior do que um cristal único[5] . Por conseguinte, os materiais não materiais com partículas extremamente pequenas são excelentes catalisadores. À medida que dividimos o cubo em várias partes, a área de superfície do cubo aumenta.

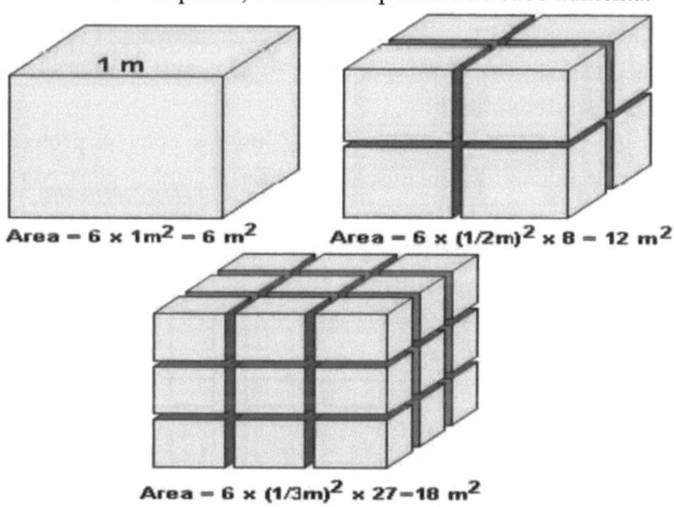

Fig. 4. Variação da área de superfície com o tamanho da partícula

Propriedades **ópticas-**

Os nanomateriais apresentam cores diferentes em diferentes meios. Esta propriedade pode ser explicada. À medida que o tamanho das partículas diminui, uma radiação electromagnética interage com os electrões livres para absorver, refletir ou transmitir diferentes cores de luz. Com a alteração do tamanho das partículas, o intervalo de banda do semicondutor muda (de acordo com o QCE) e a cor de emissão correspondente muda.

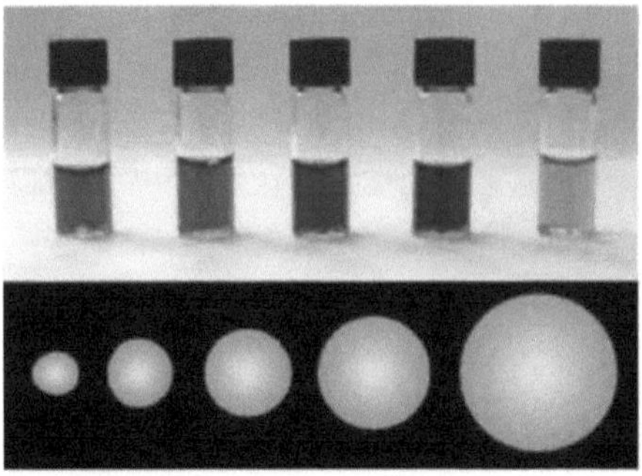

Fig. 5 Cores diferentes em diferentes meios com o tamanho das partículas

Condutividade - De acordo com a QCE, a energia das bandas aumenta quando o tamanho das partículas diminui. Se a energia das bandas aumentar, a condutividade do material diminui. É por isso que as nanopartículas têm uma condutividade reduzida, em comparação com o material a granel.

Ponto de fusão: O ponto de fusão de qualquer substância é definido como uma temperatura na qual os átomos, moléculas ou iões de uma substância podem superar as forças intermoleculares. Os átomos da superfície estão em contacto com um menor número de átomos, pelo que se podem mover facilmente. Por conseguinte, as substâncias não materiais têm menos pontos de fusão do que as substâncias em massa.

Aplicações da nanotecnologia:

A nanotecnologia tem sido aplicada em vários domínios, como os protectores solares, os cosméticos, os produtos alimentares, as indústrias de embalagens, os revestimentos de superfícies, os circuitos electrónicos e a limpeza ambiental.

Protectores solares e cosméticos - TiO2 e ZnO nanométricos são atualmente utilizados em alguns protectores solares, uma vez que absorvem e reflectem os raios UV do sol, mas são transparentes à luz visível. O FeO nanométrico é utilizado em alguns batons como pigmento[6] .

Argila: As argilas que contêm nanopartículas naturais são amplamente utilizadas como materiais de construção e estão a ser continuamente melhoradas. Os compósitos à base de partículas de argila contendo plásticos e flocos de argila de dimensão nanométrica estão também a tornar-se populares em aplicações como o fabrico de para-choques de automóveis.

Revestimentos: Nas janelas auto-limpantes, é revestido TiO2 altamente ativado, de natureza altamente hidrofóbica e antibacteriana. Revestimentos à base de nanopartículas de um óxido que destrói agentes químicos[6] .

Têxteis: Com a ajuda da nanotecnologia, está também a ser desenvolvida uma gama de têxteis melhorados, tais como tecidos respiráveis, impermeáveis e resistentes a nódoas. O pó e as nódoas podem não ficar retidos no tecido, uma vez que a dimensão dos poros destes nanomateriais é inferior à das partículas de pó e de nódoas[7] .

Tintas: Os revestimentos de tinta mais finos (mais leves), utilizados nos aviões, reduziriam o seu peso e poderiam ser benéficos para o ambiente. As nano tintas são mais brilhantes e mais leves.

Célula de combustível: O hidrogénio é utilizado como combustível imediato na pilha de combustível, que pode ser gerado a partir de hidrocarbonetos por reformação catalítica. As principais preocupações em relação às pilhas de combustível são o armazenamento do hidrogénio de forma portátil. Está a ser desenvolvida investigação para utilizar nanomateriais, como os fulerenos, como meio de armazenamento de hidrogénio[8] .

Degradação fotocatalítica do corante: nanopartículas semicondutoras, tais como ZnO, CuO, etc., são utilizadas na decomposição química do corante utilizando raios UV e luz solar natural. A relação entre H_2O utilizado e O_2 formado é de 2:1. É um processo altamente endotérmico. Ou seja, uma grande quantidade de energia é absorvida[11] . Por isso, utilizamos um fotocatalisador e seguimos um procedimento ecológico[11-13] .

Caracterização de nanopartículas: A difração de raios X é uma técnica versátil e não destrutiva que revela informações detalhadas sobre a composição química e a estrutura cristalográfica de materiais naturais e manufacturados. Num sólido cristalino, as partículas constituintes (átomos, iões ou moléculas) estão dispostas numa ordem regular. A interação de um determinado sólido cristalino com os raios X ajuda a investigar a sua estrutura real. Verifica-se que os cristais actuam como grelhas de difração para os raios X, o que indica que as partículas constituintes dos cristais estão dispostas em planos a distâncias próximas em padrões repetidos. A montagem experimental é mostrada na figura seguinte.

Os padrões de difração foram analisados para determinar as distâncias interplanares num determinado cristal. Uma representação simples da difração de raios X é mostrada abaixo.

Equação de Bragg Um cristal pode ser considerado como sendo constituído por um número de planos atómicos paralelos e equidistantes; cada átomo no plano está a dispersar os raios em todas as direcções possíveis. Bragg apresentou uma equação matemática que pode ser utilizada para calcular as distâncias entre os planos repetidos das partículas num cristal. A equação é dada por

$$\mathbf{nX=2dsin0}$$

n- Ordem do feixe difractado

λ- Comprimento de onda do feixe de raios X

θ - ângulo entre os raios X incidentes e o plano do cristal.

A espetrofotometria UV-Visível envolve a espetroscopia de fotões na região UV-Visível. Isto significa que utiliza luz nas gamas do visível e adjacente (próximo do UV) e próximo do IV. A absorção nas gamas do visível afecta diretamente a cor dos produtos químicos envolvidos. Nesta região do espetro eletromagnético, as moléculas sofrem transições electrónicas. De acordo com a lei de Beer-Lambert, a absorvância (A) da solução é diretamente proporcional à concentração das espécies absorventes e ao comprimento do percurso. Assim, para um comprimento de percurso fixo, a espetroscopia UV-Visível pode ser utilizada para determinar a concentração de absorvente numa solução.

FT-IR (Espectroscopia de Infravermelhos com Transformada de Fourier)

As ligações moleculares vibram a várias frequências, dependendo dos elementos e dos tipos de ligações. Para uma dada ligação, existem várias frequências específicas nas quais ela pode vibrar. Estas frequências correspondem a estados fundamentais e a vários estados excitados. Uma forma de fazer aumentar a frequência de vibração de uma molécula é excitar a ligação, fazendo-a absorver energia luminosa. O comprimento de onda da luz absorvida é a caraterística de uma ligação química, como se pode ver no espetro. Os espectros FTIR dos compostos orgânicos são ricos e detalhados. Por outro lado, os de compostos inorgânicos são muito mais simples de interpretar. O espetro FTIR de compostos puros é como uma "impressão digital" molecular [14].

Processo de oxidação avançado:

Nos últimos anos, uma alternativa aos métodos convencionais são os "processos de oxidação avançados" (POA), como a foto-oxidação, a foto-catálise, a foto-ozonização, o processo fenton, o processo foto-fenton e as suas combinações, que se baseiam principalmente na geração de espécies muito reactivas, como os radicais livres de hidroxilo ($OH^{\cdot}$), que se revelaram eficazes para a destruição oxidativa, oxidando rapidamente uma vasta gama de poluentes orgânicos. A oxidação fotocatalítica de compostos orgânicos pode ser uma alternativa aos métodos convencionais para a remoção de poluentes orgânicos da água. As vantagens do processo fotocatalítico incluem as suas condições de funcionamento moderadas e o facto de poder ser ativado pela luz solar, reduzindo assim significativamente a energia eléctrica necessária e, consequentemente, os custos de funcionamento. Os cientistas estão a investigar muitos semicondutores que podem utilizar a luz visível para degradar um grande número de materiais recalcitrantes em sistemas aquosos.

Recentemente, tem havido um interesse considerável na utilização de processos de oxidação avançados (POA) para a destruição completa de corantes. Os POA baseiam-se na geração de espécies reactivas, como os radicais hidroxilo, que oxidam uma vasta gama de poluentes orgânicos de forma rápida e não selectiva. Os POA incluem sistemas de fotocatálise, como a combinação de semicondutores e luz, e de semicondutores e oxidantes. A fotocatálise heterogénea surgiu como uma importante tecnologia destrutiva que conduz à mineralização total da maioria dos poluentes orgânicos, incluindo os corantes orgânicos reactivos.

Acredita-se que a descoloração fotocatalítica de um corante ocorre de acordo com o seguinte mecanismo.

Quando um catalisador é exposto à radiação UV, os electrões são promovidos da banda de valência para a banda de condução e é produzido um par eletrão-buraco (equação 1).

Catalyst +hv → e-cb + h+vb (1)

onde, e-cb e h+vb são os electrões na banda de condução e os electrões vagos na banda de valência, respetivamente. Estas duas entidades podem migrar para a superfície do catalisador, onde podem entrar numa reação redox com outras espécies presentes na superfície. Na maioria dos casos, h+vb pode reagir facilmente com H2O ligado à superfície para produzir radicais *OH, enquanto que e-cb pode reagir com O_2 para produzir o anião radical superóxido de oxigénio (equações 2 e 3).

H_2O + h+ vb → •OH + H+ (2)

O_2 + e-cb → $O_2^{-\bullet}$ (3)

Esta reação impede a combinação do eletrão e do buraco que são produzidos no primeiro passo.•OH eO2-• , podem então reagir com o corante para formar outras espécies e são assim responsáveis pela descoloração do corante.

Fotocatálise

O processo de fotocatálise inclui a "fotossensibilização", um processo pelo qual ocorre uma alteração fotoquímica numa entidade molecular, como resultado da absorção de radiação pela outra. Diz-se que a primeira entidade molecular é fotossensibilizada. O exemplo mais comum de um fotocatalisador é a clorofila. Esta capta a luz solar para transformar água e dióxido de carbono em oxigénio e glucose, respetivamente. A fotocatálise cria oxidantes fortes para decompor qualquer matéria orgânica em co2 e H2O na presença de fotocatalisador, luz e água[15] . O processo fotocatalítico mais popular estudado é a separação fotocatalítica da água. Neste processo, ocorre a dissociação de H2O em H2 e o2, utilizando luz artificial ou natural. Esta reação é muito importante para a síntese de hidrogénio combustível, que pode ser utilizado como fonte renovável de energia entre as fontes convectivas esgotáveis, como o gás natural. A separação é efectuada utilizando um pó de fotocatalisador em água. Neste processo, a eficiência é expressa em termos de rendimento quântico. O rendimento quântico é o rácio do número de moles que reagem por unidade de quanta de luz absorvida. Se este rácio for 1, então o QY é 100%. Se o fotocatalisador estiver a dar o rendimento quântico máximo, então todos os fotões de radiação electromagnética são utilizados para a reação. E a taxa também aumenta para compensar. No entanto, o QY também varia com a alteração das condições experimentais, tais como reacções secundárias, pH, polaridade do solvente, etc. O outro fator é a gama de luz absorvida. No entanto, os fotocatalisadores à base de UV, se comparados com os fotocatalisadores à base de luz visível, são melhores. Devido à elevada energia dos fotões, chega à superfície terrestre mais luz visível (com um comprimento de onda mais longo) do que luz UV de maior energia. Assim, os fotocatalisadores menos eficientes que absorvem a luz visível são mais úteis do que os outros.

Ação de um fotocatalisador:

O fotocatalisador absorve primeiro a luz e o seu eletrão é excitado da banda de valência preenchida para a banda de condução vazia, produzindo um buraco na banda de valência. Pode haver a possibilidade de recombinação, o que destrói a ação do catalisador. Por isso, o intervalo de banda deve ser suficientemente grande. E nenhum ou poucos níveis de energia devem estar presentes entre a banda de valência e a banda de condução. O eletrão do foto-catalisador combina-se com o reagente, que actua como oxidante. Forma-se um produto reduzido. Da mesma forma, o buraco reage com o reagente para produzir o produto oxidado.

Sabemos que os semicondutores têm um intervalo de banda suficientemente grande e não têm níveis de energia entre VB e CB, pelo que não há possibilidade de recombinação. Os semicondutores têm desvios de banda mais pequenos do que os isoladores e maiores do que os condutores[16] .

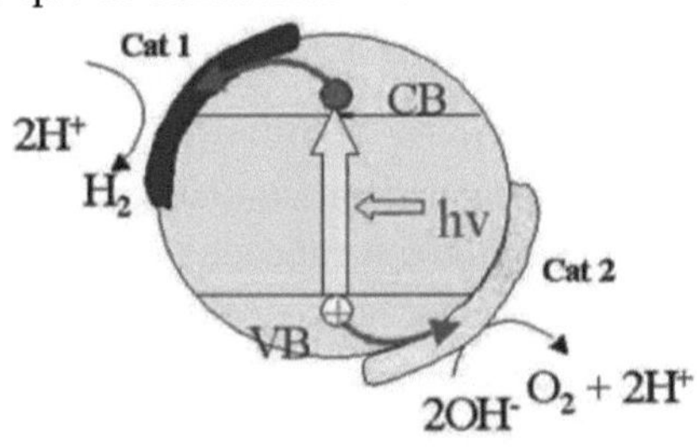

Fig. 6. Ação de um fotocatalisador

Os não materiais são partículas superfinas com tamanho entre 1 e milhares de nanómetros, mas são geralmente de 1100nm[17] . As suas propriedades diferem das dos sólidos cristalinos, por exemplo, a curvatura de um fio de cobre produz movimento de átomos de cobre a 50nm. Mas as nanopartículas de CuO com menos de 50 nm são materiais superduros e não possuem ductilidade e maleabilidade como o cobre a granel. A alteração das propriedades nem sempre é desejável.

Algumas caraterísticas das nanopartículas-

1. As suspensões de nanopartículas são possíveis, porque a superfície das partículas e o solvente interagem de forma notável, para superar a diferença de densidade, o que resulta no afundamento ou flutuação do material no líquido[17] .
2. A grande quantidade de fronteiras de grão em materiais a granel feitos de

nanopartículas permite um deslizamento alargado das fronteiras de grão, conduzindo a uma elevada plasticidade[18].
3. Devido à grande área de superfície, as nanopartículas constituídas por óxidos de elementos de transição são excelentes catalisadores. Em casos especiais, a catálise pode ser melhorada e mais específica, decorando as partículas com aglomerados de ouro ou de platina[19].
4. A distribuição de nanopartículas não aglomeradas num polímero é utilizada para ajustar o índice de refração. Além disso, este processo pode produzir materiais com propriedades poéticas não lineares. A presença de nanopartículas de ouro ou de CdSe num vidro conduz a uma coloração vermelha ou laranja. As nanopartículas semicondutoras e alguns nanocompósitos de polímeros de óxido exibem fluorescência, mostrando uma deslocação para o azul com a diminuição do tamanho das partículas.

Os nanomateriais como catalisadores:

Os catalisadores à base de nanomateriais apresentam uma catálise heterogénea[20], em que os catalisadores se encontram numa fase diferente da do substrato. Normalmente, o catalisador encontra-se em fase sólida, enquanto os reagentes se encontram em fase líquida ou gasosa[19]. A molécula do reagente liga-se à superfície, ou seja, é adsorvida pela superfície catalítica. O catalisador é o adsorvente e o suporte é o adsorvato. A molécula reagente liga-se à superfície, diz-se que é adsorvida pela superfície catalítica. O produto final desprende-se ou dessorve-se da superfície. A reação ocorre por propagação em cadeia, resultando num rendimento quântico superior a 100%.

Os nanofotocatalisadores desempenham dois tipos de papéis no processo, ou seja, o local de catálise ou o suporte para o catalisador[20]. As nanopartículas são ainda classificadas como nanopartículas funcionalizadas e não funcionalizadas. Em soluções, as nanopartículas metálicas estão suficientemente próximas umas das outras para serem afectadas pela força de Vander Waal.

Se não houver nada que se oponha a estas forças, as nanopartículas aproximar-se-ão e agregar-se-ão, diminuindo a área de superfície ocupada por elas e diminuindo ainda mais a sua atividade catalítica. As nanopartículas funcionalizadas têm maior estabilidade em soluções líquidas[21]. No caso das nanopartículas organometálicas funcionalizadas, os ligandos são coordenados ao centro metálico para evitar a agregação. Os diferentes ligandos alteram as propriedades das nanopartículas, bem como o seu tamanho. As ligas de dois metais, também designadas por bimetálicas, são utilizadas para criar um efeito sinérgico na catálise entre os dois metais[22].

Estudos sobre nanofotocatalisadores:

O TiO2 é o fotocatalisador mais eficaz, com um rendimento quântico elevado e uma elevada taxa de evolução do gás H2[21]. É utilizado como anatase com platina para a separação da água. Verifica-se que o nanofotocatalisador (NaTaO3)La produz a taxa de separação de água mais elevada[22 23]. Aqui, as arestas funcionam como locais de produção de H_2 e as ranhuras como locais de produção de O_2. A adição de partículas de NiO como cocatalisadores ajuda na produção de hidrogénio. O $NaTaO_3$ tem uma banda de condução superior à do NiO, pelo que os electrões fotogerados são mais facilmente transferidos para o CB do NiO para a evolução do H_2.

As nanopartículas de paládio são estudadas para emparelhar com ligandos organometálicos para catalisar a oxidação de CO e NO, diminuindo assim a poluição do ar no ambiente, convertendo-os em produtos inofensivos[24] . Os nanomateriais catalisadores de ruténio/platina podem ser potencialmente utilizados para catalisar a purificação do hidrogénio para armazenamento de hidrogénio[25] . Recentemente, foi desenvolvido pela MCL technologies, Taiwan, um potente nanofotocatalisador, que pode atuar mesmo sob luz LED. A estrutura é constituída por um núcleo metálico e um invólucro de TiO_2. Pode ser utilizado de várias formas, como desodorizante de animais de estimação, absorvente/decompositor de formaldeído, desodorização de casas de banho e é à prova de germes em determinadas circunstâncias. A sua função antimicrobiana mantém-se durante muito tempo, mesmo no escuro. Pode ser útil mesmo com pouca luz[26] .

Outra aplicação do nanofotocatalisador é a degradação de componentes orgânicos voláteis (COV) no ar atmosférico[27] . O método baseia-se na utilização de uma solução coloidal aquosa de composições de óxidos de nanocarbono-metal, em que o titânio é considerado metal. A solução coloidal é pulverizada no ar e sob radiação solar natural; os radicais OH são formados pelo nanofotocatalisador a partir de H_2O em solução aquosa ou humidade na atmosfera.

O processo de fotocatálise inclui a "fotossensibilização", um processo pelo qual ocorre uma alteração fotoquímica numa entidade molecular, como resultado da absorção de radiação pela outra. Diz-se que a primeira entidade molecular é fotossensibilizada. O exemplo mais comum de um fotocatalisador é a clorofila. Esta capta a luz solar para transformar água e dióxido de carbono em oxigénio e glucose, respetivamente. A fotocatálise cria oxidantes fortes para decompor qualquer matéria orgânica em CO_2 e H_2O, na presença de fotocatalisador, luz e água[28] .

O processo fotocatalítico mais popularmente estudado é a separação fotocatalítica da água. Neste processo, ocorre a dissociação de H_2O em H_2 e O_2, utilizando luz artificial ou natural. Esta reação é muito importante para a síntese de hidrogénio combustível, que pode ser utilizado como fonte renovável de energia entre as fontes convectivas esgotáveis, como o gás natural. A separação é efectuada utilizando um pó de foto-catalisador em água. Neste processo, a relação entre H_2O utilizado e O_2 formado é de 2:1. É um processo altamente endotérmico. Ou seja, uma grande quantidade de energia é absorvida[29] . Por isso, utilizamos um fotocatalisador e seguimos um procedimento ecológico. O óxido de zinco, com as suas propriedades físicas e químicas únicas, como a elevada estabilidade química, o elevado coeficiente de acoplamento eletroquímico, a vasta gama de absorção de radiação e a elevada fotoestabilidade, é um material multifuncional[30]. Na ciência dos materiais, o óxido de zinco é classificado como um semicondutor do grupo II-VI [31], cuja covalência se situa na fronteira entre semicondutores iónicos e covalentes. Uma banda de energia larga (3,37 eV), uma energia de ligação elevada (60 meV) e uma elevada estabilidade térmica e mecânica à temperatura ambiente tornam-no atrativo para uma potencial utilização em eletrónica, optoelectrónica e tecnologia laser [32]. As propriedades piezoeléctricas e piroeléctricas do ZnO permitem a sua utilização como sensor, conversor, gerador de energia e fotocatalisador na produção de hidrogénio [33-34]. Devido à sua dureza, rigidez e constante piezoeléctrica, é um material importante na indústria cerâmica, enquanto a sua baixa toxicidade, biocompatibilidade e biodegradabilidade o tornam um material de interesse para a biomedicina e para os sistemas pró-ecológicos [35-36].

A variedade de estruturas do óxido de zinco nanométrico significa que o ZnO pode ser classificado entre os novos materiais com potenciais aplicações em muitos domínios da nanotecnologia. O óxido de zinco pode apresentar-se em estruturas unidimensionais (1D), bidimensionais (2D) e tridimensionais (3D). As estruturas unidimensionais constituem o grupo mais numeroso, incluindo nanobastões [37-38], -agulhas [39], -hélices, -molas e -anéis [40], -fitas [41], -tubos [42-43], -cintas [44], -fios [45-46] e -pentes [47]. O óxido de zinco pode ser obtido em estruturas 2D, tais como nanoplacas/nanosfolhas e nanopellets [48-49]. Exemplos de estruturas 3D de óxido de zinco incluem flor, dente-de-leão, flocos de neve, ouriço de coníferas, etc. [50]. O ZnO oferece uma das maiores variedades de estruturas de partículas de entre todos os materiais conhecidos.

Este livro é composto pelos seguintes capítulos

1. Introdução
2. Material e métodos experimentais
3. Observações e cálculos.
4. Resultados e discussão
5. Conclusão
6. Referências

CAPÍTULO 2

MATERIAIS E MÉTODOS EXPERIMENTAIS

Materiais e métodos experimentais

Este capítulo trata dos métodos experimentais adoptados para estudar a oxidação avançada e a mineralização do corante Alizarin Red S. Este corante é frequentemente encontrado nos efluentes das indústrias de corantes e têxteis. A oxidação foto-catalítica (PO) de substâncias orgânicas em águas residuais foi investigada e considerada uma alternativa viável aos processos atualmente utilizados. O foco desta investigação baseia-se principalmente em processos de oxidação avançados. Foram investigados os processos de oxidação avançados que envolvem o efeito do pH, oxidantes de peróxido de hidrogénio, doses de catalisador e luz solar direta. As técnicas experimentais envolvidas nos processos foto-catalíticos para a degradação dos substratos em estudo são descritas em pormenor. O assunto é abordado nos seguintes tópicos:

2.1 O poluente estudado

2.2 Metodologias

2.3 Dispositivos experimentais

2.4 Determinações analíticas

Os corantes são uma importante classe de compostos orgânicos sintéticos utilizados na indústria têxtil e são, por conseguinte, poluentes industriais comuns. Os efluentes de corantes sintéticos provenientes de várias operações representam um grande perigo para o ambiente devido aos riscos de toxicidade para os organismos aquáticos nos recursos hídricos naturais e à inibição da atividade fotossintética. Devido à estabilidade dos corantes modernos, os métodos convencionais de tratamento biológico das águas residuais industriais são ineficazes, resultando frequentemente numa descarga intensamente colorida das instalações de tratamento. As indústrias têxteis geram 100-170 L de efluentes de tinturaria por kg de tecido processado, que podem ser caracterizados por cores fortes, elevada CQO e uma vasta gama de pH. O tratamento das águas residuais provenientes do tingimento de têxteis é um problema ambiental que tem recebido uma atenção considerável. Os efluentes do processamento têxtil são frequentemente descarregados em estações de tratamento de esgotos municipais ou diretamente em cursos de água. Os corantes têxteis não são biodegradáveis e, consequentemente, o tratamento das águas residuais remove certos tipos de corantes por decantação e adsorção, mas não remove certos tipos de corantes. A separação física de sólidos em suspensão, óleos e gorduras e os tratamentos biológicos são sistemas económicos e fiáveis para a maioria dos casos. As tecnologias convencionais de destruição de poluentes incluem tratamentos biológicos, térmicos e químicos. Os primeiros requerem normalmente um longo tempo de residência para os microrganismos degradarem o poluente, porque são afectados negativamente pela toxicidade do poluente. Os tratamentos térmicos provocam emissões consideráveis de outros compostos perigosos. Processos como a floculação, a precipitação, a adsorção em carvão ativado granular (CAG), a remoção de ar ou a osmose inversa (OR) transferem basicamente os poluentes de uma fase para outra e requerem um pós-tratamento para remover o poluente do ambiente recentemente contaminado.

2.1 Poluente estudado:- A solução colorida contendo corantes provenientes de efluentes industriais pode causar cancro da pele devido à fotossensibilização e aos danos fotodinâmicos. Pelo contrário, a solução corante branqueada não é tóxica e é inofensiva. Os materiais corantes presentes nas águas residuais não são apenas esteticamente desagradáveis, mas também prejudiciais para a flora e fauna aquáticas. A maioria destes corantes é pouco biodegradável. A água que contém um corante colorido não tem qualquer utilidade. Mas se esta solução colorida for branqueada para dar origem a água incolor, então pode ser utilizada para fins de lavagem, arrefecimento, irrigação e limpeza. Por conseguinte, é necessário remover estas substâncias tóxicas das águas residuais. Foram utilizados vários métodos para remover estes corantes da água poluída, como a adsorção, a transformação química, etc., mas a degradação fotocatalítica parece ser a técnica mais promissora, uma vez que é de baixo custo e consome menos tempo. Recentemente, foram publicados vários relatórios sobre a degradação foto-catalítica de corantes e poluentes orgânicos.

Muitos destes compostos devem ser removidos das águas residuais antes da sua descarga ou reutilização ou da água durante a preparação de água potável. A solubilidade do substrato, a solubilidade na água e a disponibilidade de um método analítico para a medição da sua concentração foram também a base para a seleção destes compostos. No presente estudo, o vermelho de alizarina S foi selecionado como poluente modelo.

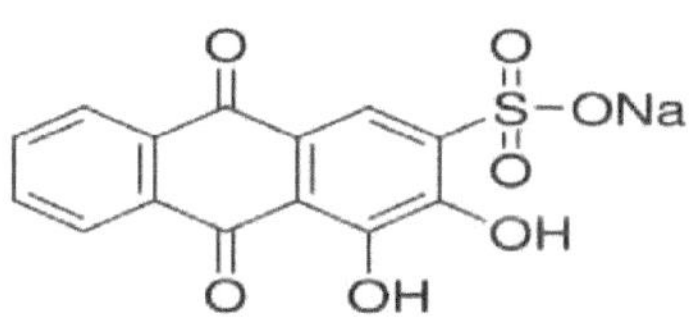

Fig. 2.1 Estrutura do vermelho de alizarina S

Fórmula molecular: C H_{147} NaO7S

Massa média: 342,25589; N.º C.I. 58005

Denominação científica: 3,4-di-hidroxi-9,10-dioxo-9,10-di-hidro-2- antraceno sulfonato de sódio

Entre as várias técnicas, os chamados processos de oxidação avançados (POA) parecem ser um campo de estudo promissor, que têm sido relatados como eficazes para a degradação de contaminantes orgânicos solúveis de águas e solos, porque podem proporcionar uma degradação quase total. Embora estas técnicas possam permitir a conversão de contaminantes em compostos menos nocivos, estão limitadas ao tratamento de águas que contêm baixas concentrações de poluentes. Experiências com diferentes tecnologias de oxidação e substratos mostraram que uma oxidação parcial da água tóxica pode aumentar a sua biodegradabilidade até um nível elevado.

2.2 Metodologias

No presente trabalho, os nanofotocatalisadores CuO e ZnO foram sintetizados a nível laboratorial utilizando um forno de micro-ondas. Os nanofotocatalisadores preparados foram caracterizados utilizando as técnicas UV-VIS, FT-IR, XRD e SEM. Os nanofotocatalisadores preparados foram estudados para a mineralização do poluente selecionado na presente investigação.

Os diferentes sistemas estudados são:

-Foto-oxidação luz solar+ H2O2

-Fotocatálise utilizando nanofotocatalisadores CuO e ZnO

(otimização do pH, H2O2 e fotocatalisador.

Neste trabalho, foi dada especial ênfase ao processo nanofotocatalítico, uma vez que é um dos métodos mais interessantes e simples para degradar poluentes orgânicos e corantes de forma eficaz. O trabalho experimental foi dividido nas três partes seguintes

1. Síntese do nanofotocatalisador
2. Caracterização do nanofotocatalisador sintetizado
3. Estudo da eficácia do nanofotocatástrofe.

2.3 Dispositivos experimentais

A determinação espectrofotométrica oferece um modo fácil, fiável e rápido para a determinação da concentração de espécies químicas. Os poluentes e corantes estudados no presente trabalho tinham o seu comprimento de onda de absorção máxima na gama do UV com um coeficiente de extinção molar muito elevado. A técnica espectrofotométrica oferece um método fácil, fiável e mais rápido para a determinação da concentração dos substratos estudados na presente investigação, uma vez que estes apresentaram bandas de absorção muito fortes na gama do UV e obedeceram à lei de Beer.

$$A = \varepsilon c l \qquad (1)$$

Onde A é a absorvância, l a distância no ambiente (caminho ótico) [cm], s o coeficiente de extinção [M^{-1} cm^{-1}] e c é a concentração [M] do componente. Os nanofotocatalisadores foram sintetizados utilizando a unidade de radiação de micro-ondas da Raga. A atividade fotocatalítica dos fotocatalisadores sintetizados foi monitorizada utilizando o espetrofotómetro Systronics UV- Vis108. Outros instrumentos utilizados foram o medidor de pH Elico, a unidade de destilação dupla e a unidade digestora de CQO Uni fros.

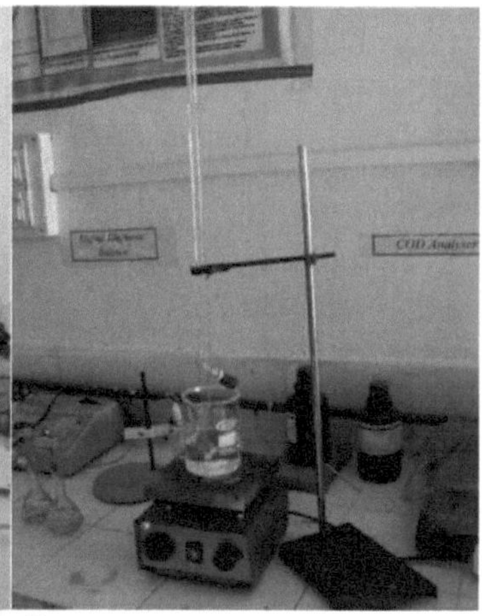

Fig. 2.2 Unidade de radiação de micro-ondas de Raga

Fig. 2.3 Agitador magnético

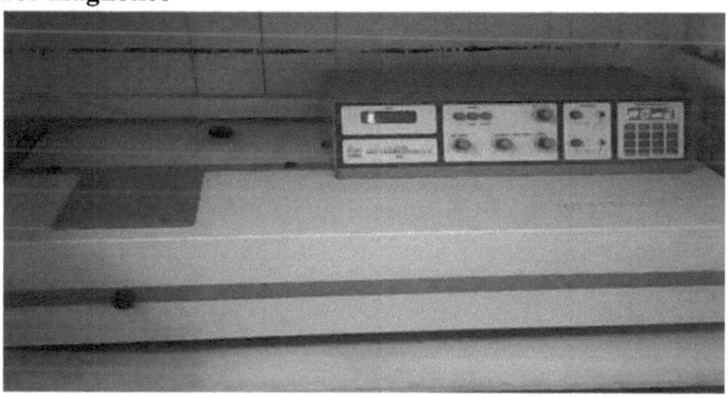

Fig. 2.4 Espectrofotómetro UV-VIS Systronics 108

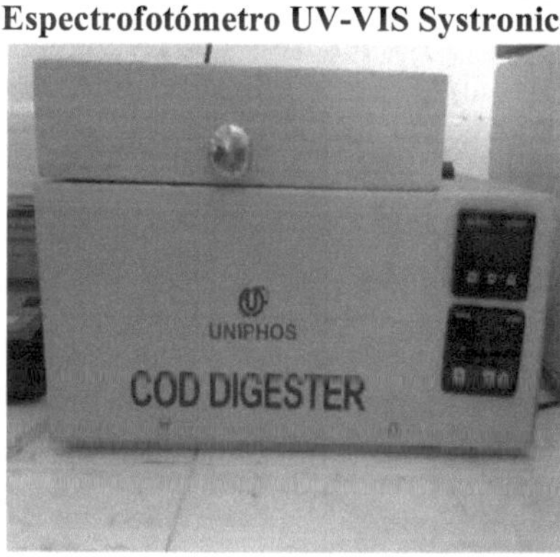

Fig.2.5-Unifos [digestor de CQO] **Produtos químicos-**

Fig.2.6-Unifos [analisador de CQO]

Todos os produtos químicos utilizados na preparação do nanofotocatalisador eram do mais alto grau de pureza disponível e foram obtidos diretamente da Merck, Loba-

Chemie, s.d. fine e Aldrich chemicals e foram utilizados como tal, sem qualquer purificação adicional. A solubilidade em fase aquosa de todos os substratos utilizados nos estudos estava disponível no índice Merck.

2.5 Determinações analíticas

Preparação de soluções de reserva

As soluções 0,01M de vermelho de alizarina S foram preparadas dissolvendo a quantidade necessária do composto em água destilada recentemente fervida e arrefecida e diluindo-a para 1000 ml num balão volumétrico. As soluções de reserva dos poluentes foram armazenadas em frascos de cor âmbar. Isto foi feito para minimizar o efeito do oxigénio dissolvido e da luz na concentração do substrato. Todas as soluções de reserva foram utilizadas no prazo de uma semana após a sua preparação. As soluções 0,00015 M de substratos foram utilizadas como concentração inicial de reagente nos estudos cinéticos efectuados em diferentes condições experimentais.

Síntese do nanofotocatalisador de CuO

Agitou-se durante 5 minutos uma solução aquosa de 50 ml de CuSO4 5H2O 0,5M (sulfato de cobre II 5-hidratado,(99,95). Num agitador magnético, adicionaram-se gota a gota 25 ml de solução aquosa de NaOH 0,5M à solução aquosa de CuSO4, com agitação vigorosa. Após agitação durante 10 minutos. A mistura resultante foi colocada num forno de micro-ondas de síntese científica da RAGA, a 650 watts, durante cerca de 10 minutos. Durante o refluxo, a solução muda de azul para incolor e depois torna-se lentamente preta, o que indica a formação de nanopartículas de CuO. Depois de arrefecer até à temperatura ambiente, o precipitado foi centrifugado, lavado com água destilada, etanol absoluto e acetona em sequência e seco na estufa a 100° C durante três horas. O produto final foi recolhido para caraterização.

Síntese do nanofotocatalisador de ZnO

Para a síntese de ZnO, NaOH (0,4M) e acetato de zinco (0,2M), a solução foi misturada lentamente com uma proporção molar de 2:1, respetivamente. A solução acima foi agitada durante 10 minutos. Depois disso, foi adicionada uma pequena quantidade de chá e a agitação continuou durante mais 10 minutos. Esta solução foi submetida a irradiação por micro-ondas a 700 W em duas etapas, ou seja, 40'C durante 20 min e 60^{1} -. durante 30 min. O precipitado resultante foi lavado com água desionizada 2-3 vezes antes de secar a 70*f* durante 4 horas, depois esmagado com um pilão e calcinado ao ar a 500 - C durante 1 hora. O produto final foi recolhido para caraterização.

Caracterização do nanofotocatalisador sintetizado

A caraterização estrutural dos nanocristais de CuO e ZnO sintetizados foi realizada por difração de raios X em pó (DRX); a morfologia e o tamanho médio das partículas foram também determinados por microscopia eletrónica de varrimento (SEM). A espetroscopia de infravermelhos com transformada de Fourier (FT-IR) foi utilizada para confirmar a presença de óxido metálico nas amostras finais. Os espectros de reflectância ótica foram registados utilizando o espetrómetro UV-Vis (Shimadz-UV16OO) e a energia do intervalo de banda foi também avaliada a partir dos espectros de reflectância utilizando a função Kubelka- Munk.

Avaliação da atividade fotocatalítica

As variações nas diferentes condições experimentais que afectam a oxidação fotocatalítica do vermelho de alizarina S utilizando o catalisador fotodepositado Fe/ZnO/SiO2, tais como o valor do pH, o tempo de iluminação, a quantidade de catalisador carregado e a concentração inicial do corante, foram tidas em conta para se chegar a um modelo integrado para a degradação fotocatalítica do vermelho de alizarina S. Foram realizadas experiências em lotes para determinar o efeito do pH, da concentração de H2O2 e da dose de CuO dos nanocatalisadores durante a degradação do corante selecionado. A degradação fotocatalítica solar foi efectuada num recipiente de vidro plano de 1 litro, equipado com uma bomba de aquário para a agitação contínua da amostra. Durante a reação, a solução foi agitada por uma pastilha magnética para garantir a sua homogeneidade.

A atividade nanocatalítica do CuO e do Zno foi avaliada entre as 10 e as 16 horas durante todos os dias de sol, expondo a solução de corante à luz solar direta. 500 ml desta água residual sintética foram levados para o foto-reator e irradiados com luz solar. A solução de nanofotocatalisadores em suspensão foi muito bem misturada com um agitador durante 30 minutos no escuro, de modo a atingir o equilíbrio de adsorção. O momento em que o recipiente foi mantido à luz solar foi considerado o tempo zero ou o início da experiência. As amostras foram retiradas do recipiente de reação a intervalos regulares e pipetadas para tubos de ensaio. Em seguida, foi aplicado um processo de centrifugação para separar as nanopartículas de fotocatalisador após a fotocatálise. As amostras foram imediatamente analisadas para evitar mais reacções. A reação de degradação global decorreu durante 60-90 minutos.

As experiências foram efectuadas utilizando 500 ml de uma solução aquosa do corante 1,5 $x10^{-5}$ M não tamponada. A concentração necessária foi preparada diluindo a solução de reserva do substrato com água destilada. Esta solução diluída foi utilizada para os estudos cinéticos que foram efectuados em diferentes condições experimentais, como indicado a seguir

1. Luz solar + H2O2 + Substrato (Otimização do pH)
2. Luz solar + H2O2 + Substrato (Otimização do oxidante H2O2)
3. Luz solar + H2O2 + Substrato (Otimização de doses de foto-catalisador ZnO)
4. Luz solar + H2O2 + Substrato (Otimização das doses de fotocatalisador CuO)

O pH da solução de substrato foi ajustado com soluções de H2SO4 0,01 N e NaOH 0,01 N, utilizando o medidor P^{H} Equiptronics modelo EQ -621. Todo o conjunto do reator foi montado num agitador magnético, o que permitiu uma mistura uniforme do conteúdo do reator, bem como a dissipação eficaz da energia térmica produzida durante a reação. O início da experiência corresponde à adição do oxidante H2O2 e ao arranque simultâneo do agitador magnético.

Quando a solução foi mantida à luz do sol, as alterações ocorridas na concentração dos reagentes foram monitorizadas por análise espectrofotométrica UV em intervalos de tempo regulares, retirando alíquotas de 10 ml do reator em intervalos de tempo sucessivos para análise da concentração (co) do reator com a ajuda de um tubo de silicone flexível e inerte ligado a uma seringa. A eficiência de fotodegradação do vermelho de alizarina S foi calculada utilizando a seguinte equação:

$$\% \text{ Eficiência de fotodegradação} = \frac{C0 - C}{C0} \times 100,$$

O tempo de reação para o corante estudado foi de 60-90 minutos de irradiação contínua. As experiências foram realizadas com vários parâmetros de processo, como o pH, várias doses de oxidante e nanofotocatalisadores CuO e ZnO. O mesmo procedimento é repetido para as águas residuais reais da indústria têxtil e da indústria alimentar.

CAPÍTULO 3

RESULTADOS E DISCUSSÃO

Caracterização do nanofotocatalisador sintetizado

1. **Estudos de espectros FT-IR**:-Os espectros FT-IR foram registados em fase sólida utilizando a técnica de pastilhas de KBr na gama de 1500-400 cm, como se mostra na Fig. 3.1 e 3.2. Os espectros de IV mostram as bandas de absorção de Cu-O e Zn-O localizadas na gama de 600 e 900 cm^{-1} respetivamente para as amostras calcinadas. Estas bandas estão associadas ao ZnO, o que indica a formação de nano-cristais de ZnO, tal como sugerido por dados publicados anteriormente. Enquanto o pico a 671,72 cm^{-1} é devido ao estiramento Cu-O. A ausência dos picos a 1100-1300 cm^{-1} nas amostras confirmou a não existência do modo O-H, modo C-O e modo de estiramento C=H de fontes orgânicas nas amostras calcinadas [51-52].

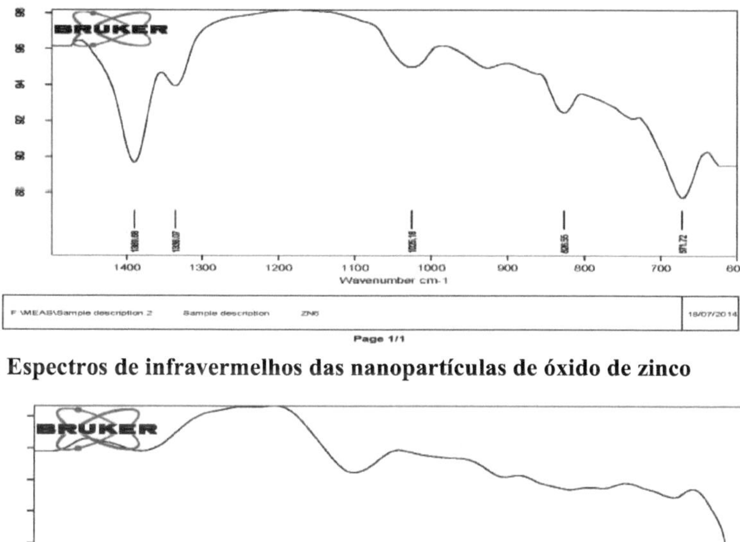

Fig. 3.1 Espectros de infravermelhos das nanopartículas de óxido de zinco

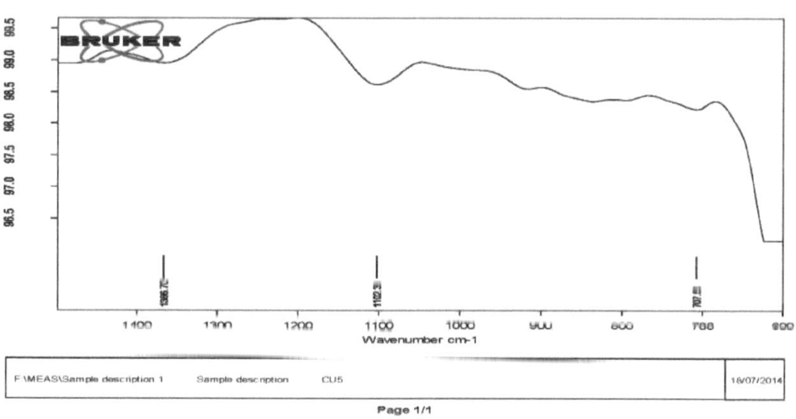

Fig. 3.2 Espectros de IV das nanopartículas de óxido de cobre

2. Espectrocropia UV -Visível-

As propriedades ópticas das nanoestruturas de óxido de zinco e de óxido de cobre sintetizadas foram examinadas por espetroscopia UV-Vis à temperatura ambiente e demonstradas nas Fig. 3.3 e 3.4. Foi encontrado um pico largo na gama de 250-300 nm, que é um pico caraterístico/padrão da fase hexagonal wurtzite do ZnO, demonstrando que os produtos sintetizados são ZnO puro. O intervalo de banda obtido das nossas nanoestruturas sintetizadas (3,42 eV) nos espectros UV-Vis à temperatura ambiente corresponde bem ao ZnO padrão (3,37eV). Devido à presença de um pico largo nos espectros UV-Vis obtidos, pode concluir-se facilmente que as nanoestruturas de ZnO crescidas apresentam boas propriedades ópticas e contêm fase hexagonal wurtzite. O intervalo de banda das nossas nanoestruturas sintetizadas (3,2 eV) à temperatura ambiente.

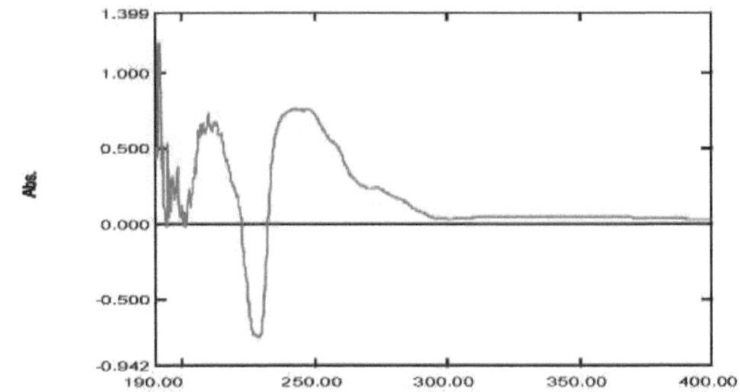

Fig. 3.3 Espectros de absorção UV-Vis de ZnO

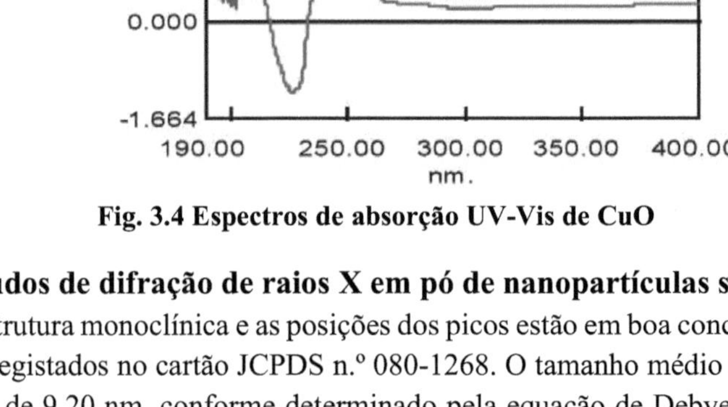

Fig. 3.4 Espectros de absorção UV-Vis de CuO

3. Estudos de difração de raios X em pó de nanopartículas sintetizadas

Mostra a estrutura monoclínica e as posições dos picos estão em boa concordância com os valores registados no cartão JCPDS n.º 080-1268. O tamanho médio das partículas de CuO foi de 9,20 nm, conforme determinado pela equação de Debye-Scherer. Isto elucida que as CuO-NPs sintetizadas tinham uma estrutura monoclínica e o tamanho foi calculado utilizando a equação de Scherrer[53] . Enquanto o tamanho médio das partículas de ZnO foi calculado em 7,79 nm. As posições dos picos estão em boa concordância com o cartão JCPDS no. 36-1451. A equação de Debye-Scherer é dada como

$$D = \theta \cos \beta / \lambda k$$

em que D é a dimensão dos cristais, k é uma constante (= 0,9, assumindo que as partículas são esféricas), λ é o comprimento de onda da difração de raios X, β é a FWHM, 0 é o ângulo de difração

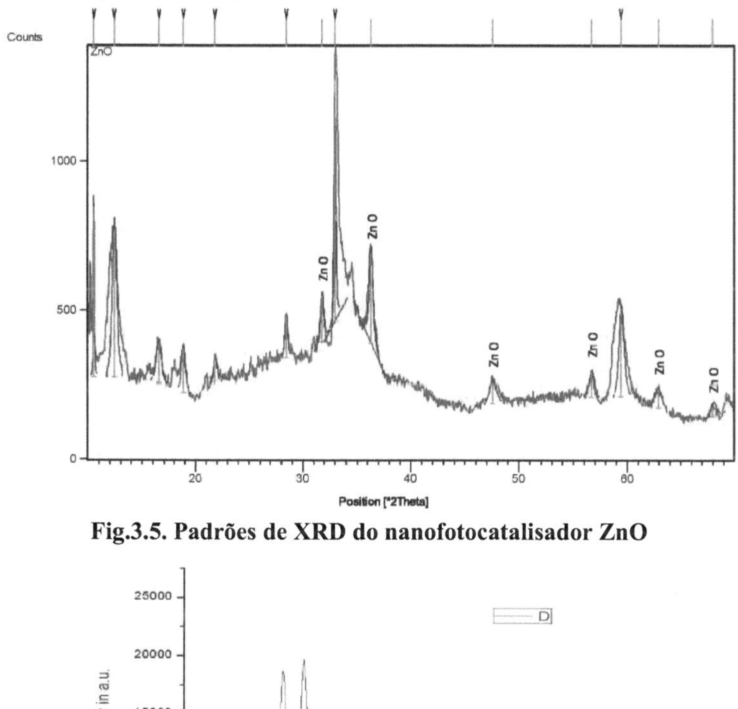

Fig.3.5. Padrões de XRD do nanofotocatalisador ZnO

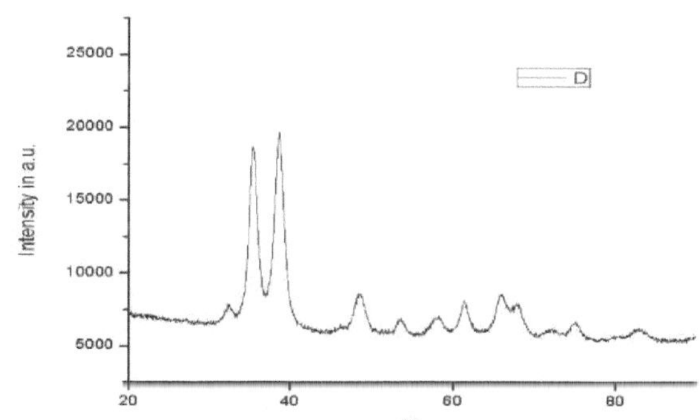

Fig.3.6 Padrões de XRD do nanofotocatalisador CuO

4. EDX

A espetroscopia de raios X por dispersão de energia (EDX) é uma técnica de microanálise química que combina o SEM e a análise EDX. Foi caracterizada a composição dos elementos do padrão EDX típico do ZnO, como se mostra na Fig. 3.7.

O ZnO foi encontrado com O = 8,78%, O = 21,80%, Zn = 69,43%. Também se confirma que todos os outros elementos podem ser removidos após a degradação do metal das águas residuais. Enquanto que a composição dos elementos do CuO a partir do padrão EDX, como se mostra na Fig. 3.8, é Cu=67,58%, O=24,15%.

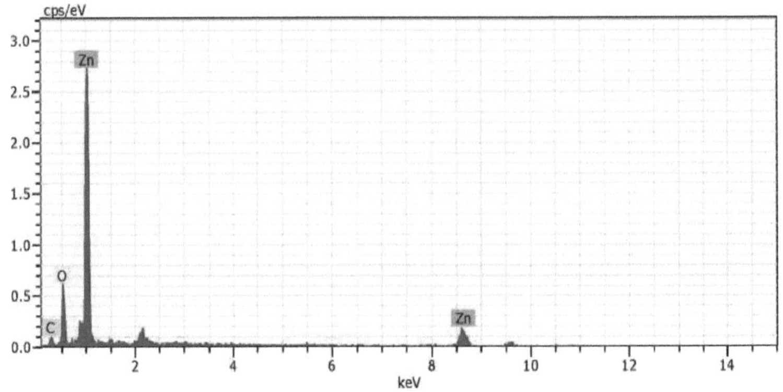

Fig.3.7 EDX do nanofotocatalisador ZnO

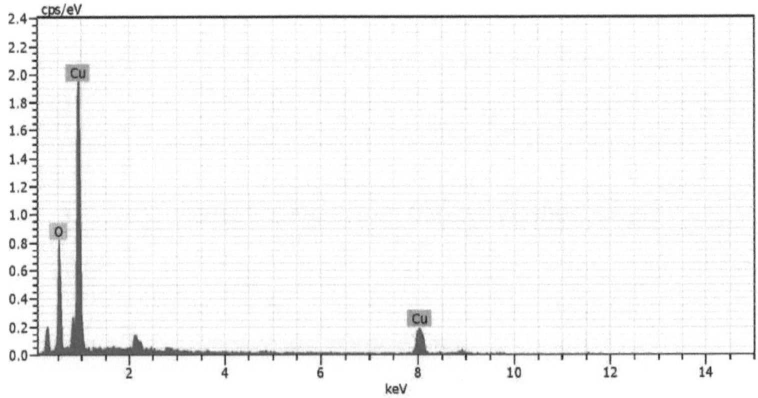

Fig.3.8 Padrões EDX do nanofotocatalisador CuO

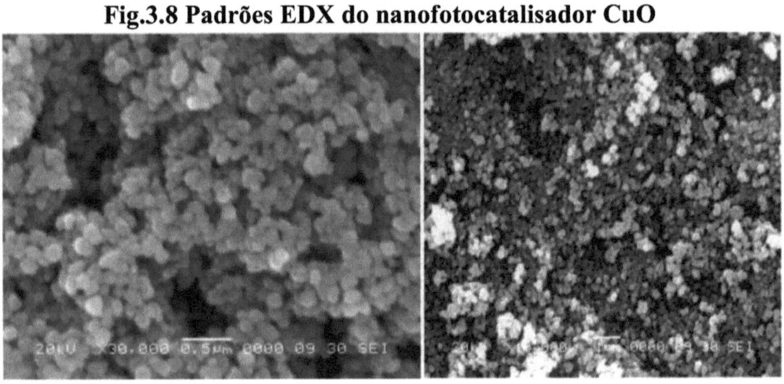

Fig.3.8.Imagem SEM do nanofotocatalisador de ZnO

Fig.3.9.Imagem SEM do nanofotocatalisador de CuO

Determinação da atividade fotocatalítica do nanofotocatalisador sintetizado

Todas as determinações espectrofotométricas foram efectuadas utilizando o espetrofotómetro de feixe duplo Systronics UV-VIS 108. As medições de absorvância foram efectuadas utilizando uma cuvete de 1 cm de percurso.

Os poluentes corantes selecionados utilizados neste trabalho tinham bandas de absorção muito fortes na gama de 400 nm a 700 nm e também tinham valores elevados de coeficiente de extinção molar (e).

Isto serviu naturalmente como um método muito simples, fiável e rápido para analisar a concentração de substrato na água. Para começar, um corante de concentração conhecida foi analisado na região VIS (400-800nm) para determinar o seu comprimento de onda de absorção máxima (λ_{max}). Quando os fotocatalisadores ZnO e CuO foram utilizados nos sistemas de reação, as alíquotas retiradas após intervalos de tempo específicos foram submetidas a centrifugação manual para separar as partículas finas de CuO ou ZnO. Depois de se assegurar que o nanocatalisador assentava completamente, o sobrenadante era utilizado.

Verificou-se experimentalmente que a presença de nanopartículas de fotocatalisador interfere na determinação espectrofotométrica da concentração dos poluentes, pelo que foi necessária a sua separação por centrifugação.

Para todos os poluentes, foi estudada a relação entre a concentração do adsorvato e a absorvância no seu comprimento de onda de máxima absorvância, tendo-se verificado que a lei de Beer é válida. A análise de regressão dos dados experimentais da concentração versus a absorvância deu os valores dos coeficientes de extinção molar (e). Foi traçado experimentalmente um gráfico de calibração entre a absorvância e a concentração do corante, que deu um coeficiente de regressão linear elevado de 0,987 a 430 nm Fig.3.10.

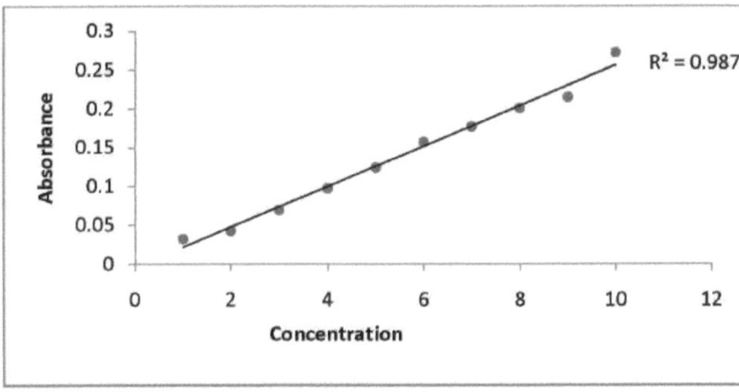

Fig. 3.10 Curva de calibração do vermelho de alizarina S

As variações nas diferentes condições experimentais que afectam a oxidação fotocatalítica do vermelho de alizarina S utilizando os fotocatalisadores ZnO e CuO, tais como o valor do pH, a quantidade de H2O2/COD e a quantidade de catalisador carregado, foram tidas em conta para chegar a um modelo integrado para a degradação fotocatalítica do vermelho de alizarina S.

Efeito do pH

O pH é um dos factores mais importantes para a geração de radicais hidroxilo. Foi feita uma tentativa para estudar o efeito do pH na degradação do corante sob luz solar. O pH inicial da solução foi medido utilizando o medidor de pH Elico LI-120 equipado com um elétrodo combinado de calomelano e vidro. Observou-se que a taxa de degradação aumenta com o aumento do pH, registando uma degradação máxima a pH-7. No entanto, aumentos adicionais do pH diminuem a taxa de reação, como se mostra nas Figuras 3.11 a 3.15.

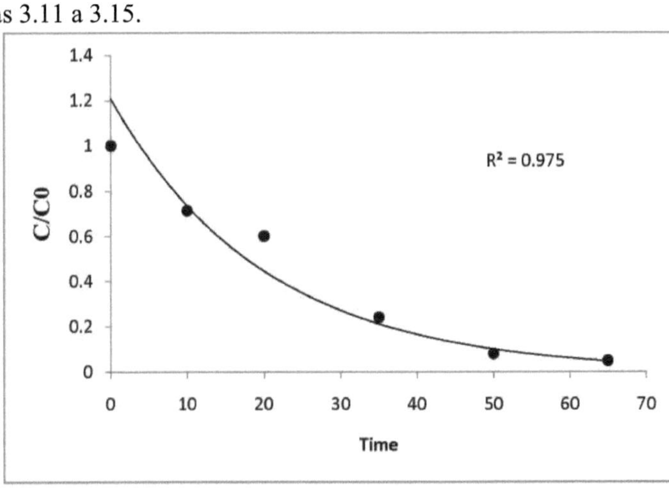

Fig. 3.11 Diminuição da concentração do substrato em função do tempo Substrato vermelho de alizarina S pH=3 H2O2/COD=3,(fixo) ZnO=5mg(fixo)

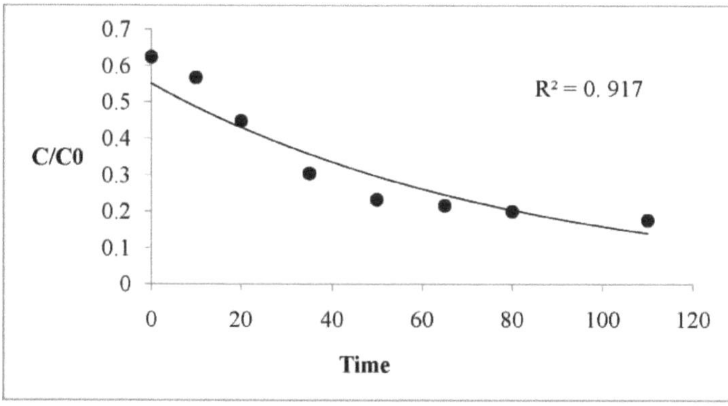

Fig.3.12 Diminuição da concentração do substrato em função do tempo Substrato vermelho de alizarina S pH=5 H2O2/COD=3 (fixo) ZnO=5mg(fixo)

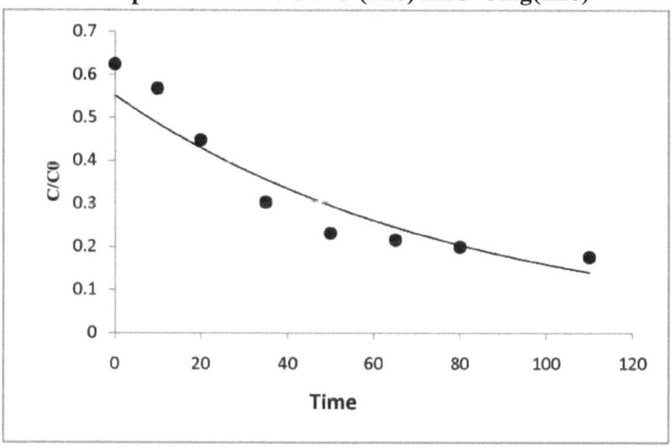

Fig. 3. 13. Diminuição da concentração do substrato em função do tempo Substrato vermelho de alizarina S pH=7,1 H2O2/COD=3(fixo) ZnO=5 mg (fixo)

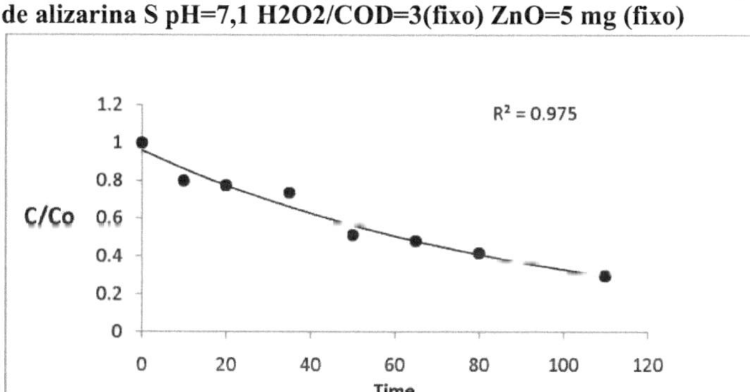

Fig.3.14 Diminuição da concentração do substrato em função do tempo Substrato vermelho de alizarina S pH=9,2 H2O2/COD=3(fixo) ZnO=5mg(fixo)

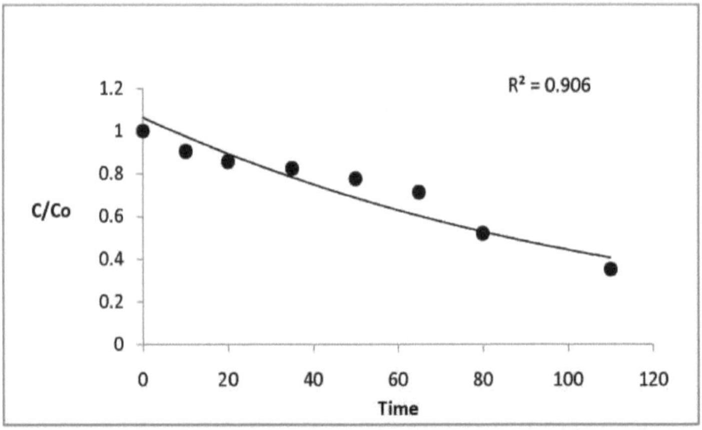

Fig.3.15. Diminuição da concentração do substrato em função do tempo Substrato vermelho de alizarina S pH=11 H2O2/COD=3(fixo) ZnO=5mg(fixo)

3.3 Efeito da dose de H O_{22} /COD na degradação do corante selecionado

Ao realizar uma série de experiências com o vermelho de alizarina S (com diferentes proporções de H2O2/COD, nomeadamente 1, 2, 3 e 4), verificou-se que a proporção estequiométrica óptima de H2O2/COD=1, como se mostra na Fig. 3.16. Um aumento adicional na concentração de H2O2 reduziu a taxa de degradação. Isto deve-se ao facto de o excesso de H2O2 reagir com os radicais hidroxilo anteriormente formados e, por conseguinte, atuar como agente inibidor da degradação ao consumir os radicais hidroxilo responsáveis pela degradação da molécula poluente. Fig. 3.17 a 3.19.

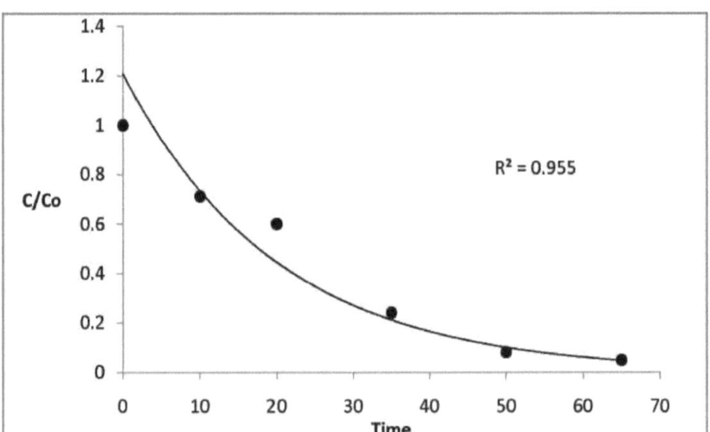

Fig. 3.16 Diminuição da concentração do substrato em função do tempo Substrato vermelho de alizarina S pH=5(fixo) H2O2/COD=2 ZnO=5mg (fixo)

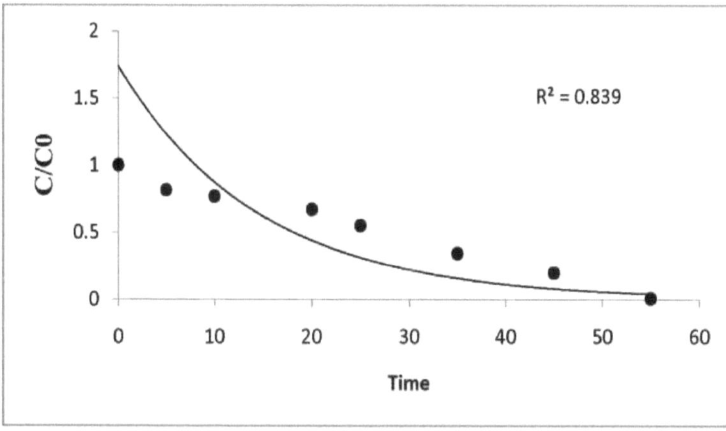

Fig. 3.17 - Diminuição da concentração do substrato em função do tempo Substrato vermelho de alizarina S pH=5(fixo) H2O2/COD=3 ZnO=5mg (fixo)

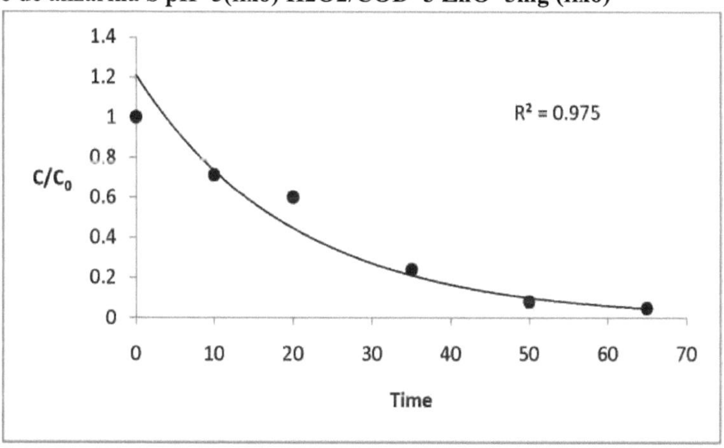

Fig. 3.18- Diminuição da concentração do substrato em função do tempo Substrato vermelho de alizarina S pH=5(fixo) H2O2/COD=4 ZnO=5mg (fixo)

Otimização do fotocatalisador de ZnO

O efeito da dose de carga do catalisador na eficiência da fotodegradação do corante foi observado através da utilização de diferentes quantidades do catalisador, variando de 5 mg a 20 g. Os resultados obtidos estão representados nas Fig.3.19 a Fig.3.22. Estes resultados mostraram que o aumento da carga de catalisador de 5gm para 10mg aumentou a eficiência de fotodegradação do vermelho de alizarina S de 70 para 100% e, depois disso, o aumento adicional da dose de carga de catalisador acima de 20gm não afecta a eficiência de fotodegradação.

Isto é atribuído ao aumento da dose de carga do catalisador, que aumentou o número de sítios activos disponíveis na superfície do catalisador para a reação, o que, por sua vez, aumentou o número de buracos e de radicais hidroxilo. Quando a dose de carga do catalisador aumentou para mais de 10 gm, a eficiência da fotodegradação diminuiu abruptamente para 95% devido a uma aglomeração e sedimentação das partículas do catalisador, o que causou um aumento do tamanho das partículas e uma diminuição da área de superfície específica, o que levou a uma diminuição do número de sítios activos na superfície [52]. Além disso, com uma quantidade elevada de catalisador, a opacidade, a turvação da suspensão e a dispersão da luz das partículas do catalisador aumentam. Este facto tende a diminuir a passagem da irradiação através da amostra. Por conseguinte, a fotodegradação mais eficaz para o vermelho de alizarina S é observada com 10 gm de dose de carga de catalisador.

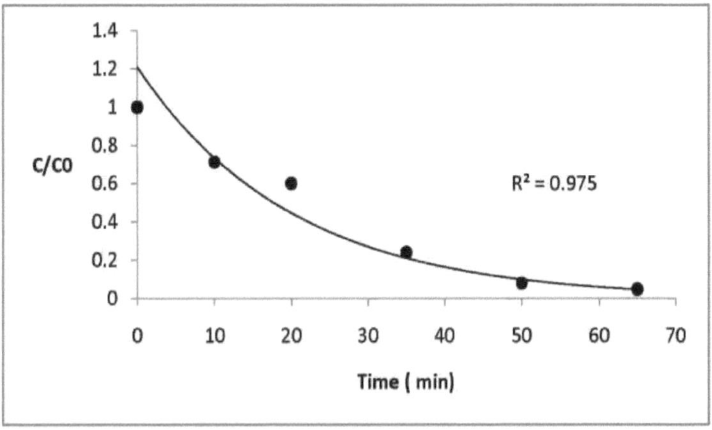

Fig.3.19 - Diminuição da concentração do substrato em função do tempo Substrato vermelho de alizarina S pH=5(fixo) $H_2O_2/COD=1$(fixo) ZnO=5mg

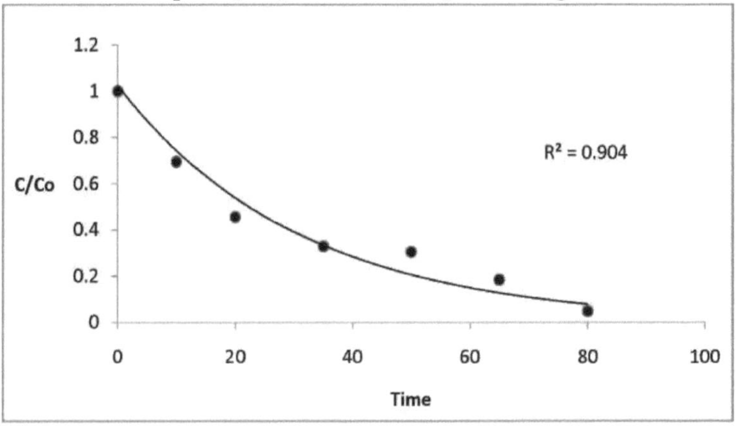

Fig. 3.20- Diminuição da concentração do substrato em função do tempo Substrato vermelho de alizarina S pH=5(fixo) $H_2O_2/COD=1$(fixo) ZnO=10mg

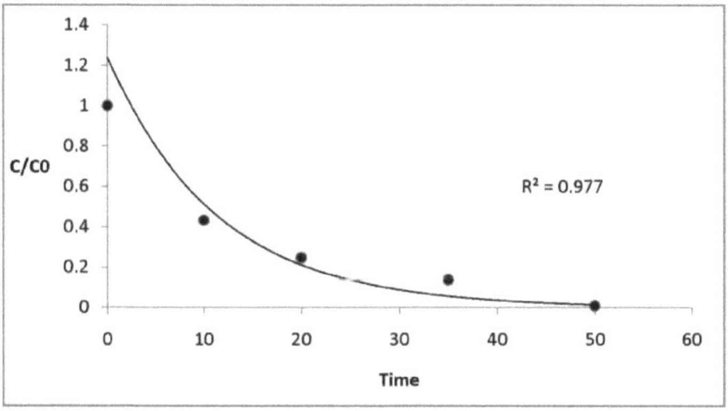

Fig. 3.21- Diminuição da concentração do substrato em função do tempo Substrato vermelho de alizarina S pH=5(fixo) H2O2/COD=1(fixo) ZnO=15mg

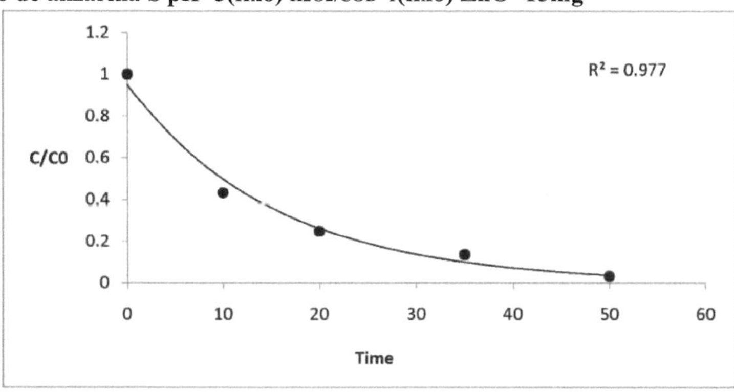

Fig.3. 22 - Diminuição da concentração do substrato em função do tempo Substrato vermelho de alizarina S pH=5(fixo) H2O2/COD=1(fixo) ZnO=20 mg

A variação do pH, do rácio H2O2/COD e da quantidade de doses de fotocatalisador ZnO com a % de degradação do substrato pode ser resumida nas figuras abaixo.

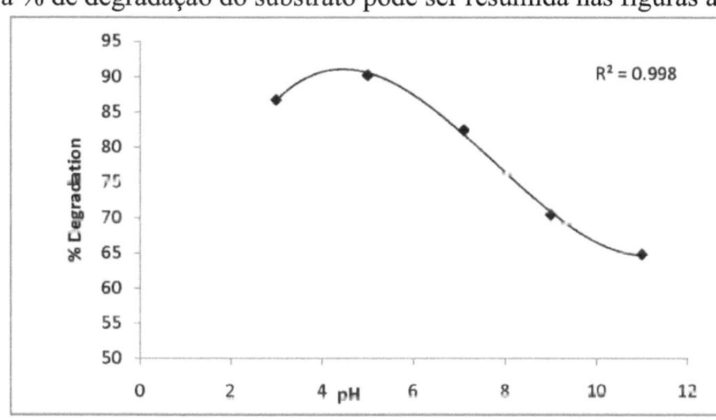

Fig. 3.23 % de degradação em função do pH

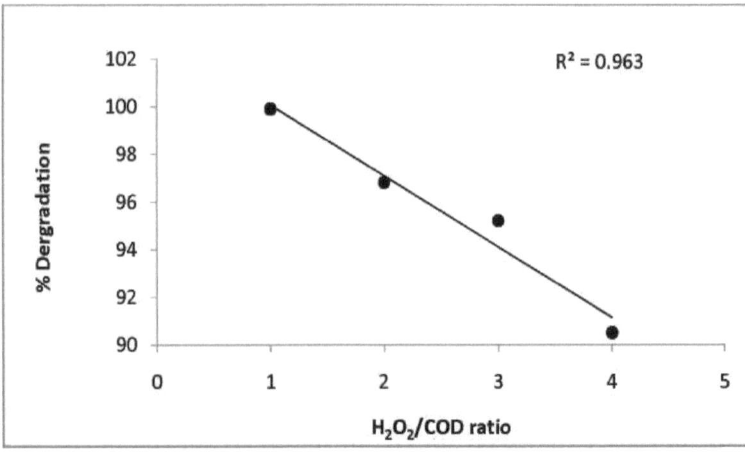

Fig. 3.24 % de degradação em função de H2O2/COD

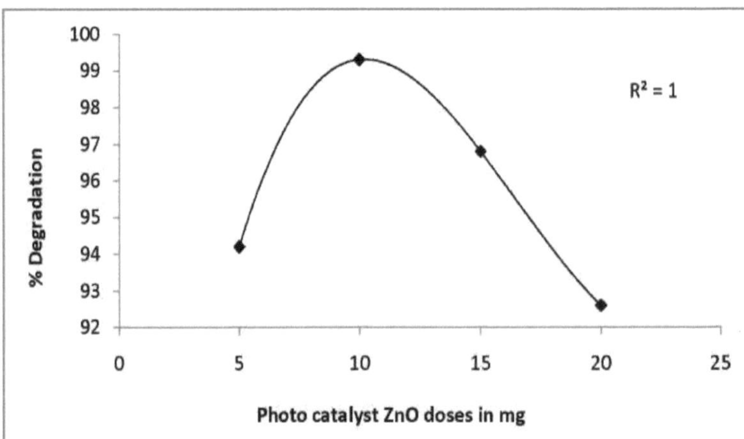

Fig. 3.25 % de degradação em função das doses de fotocatalisador

<u>Atividade fotocatalítica de CuO-</u>

Da mesma forma, a atividade fotocatalítica que afecta a oxidação fotocatalítica do vermelho de alizarina S utilizando o fotocatalisador CuO através do valor do pH, da quantidade de H2O2/COD e da quantidade de catalisador carregado é apresentada abaixo. O pH foi optimizado a 7, como se mostra nas Figuras 3.26 a 3.30, enquanto o H2O2/COD foi optimizado a 2, das Figuras 3.31 a 3.34. A quantidade de dose de catalisador CuO optimizada foi de 7mg. Estas são mostradas nas Fig. 3.35 a 3.38.

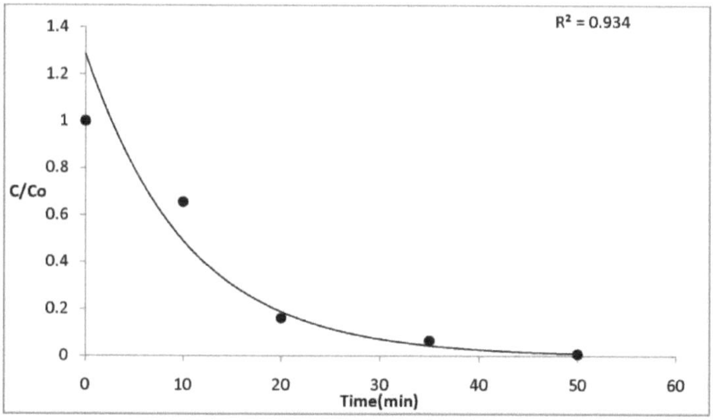

Fig. 3.26 Diminuição da concentração do substrato em função do tempo Substrato vermelho de alizarina S pH=3 H2O2/COD=1,(fixo) CuO=5mg(fixo)

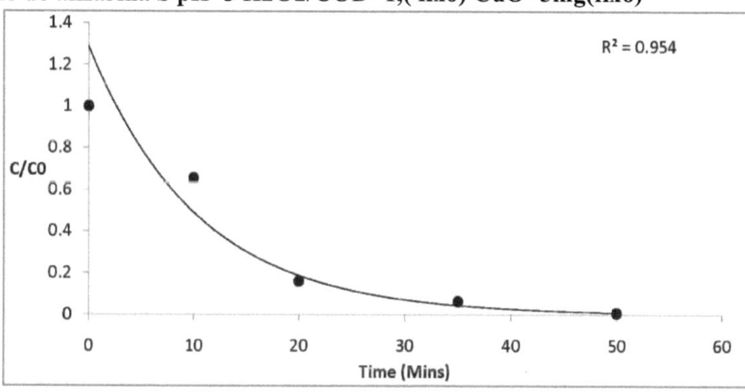

Fig.3.27 Diminuição da concentração do substrato em função do tempo Substrato vermelho de alizarina S pH=5 H2O2/COD=1**(fixo) CuO=5mg (fixo)**

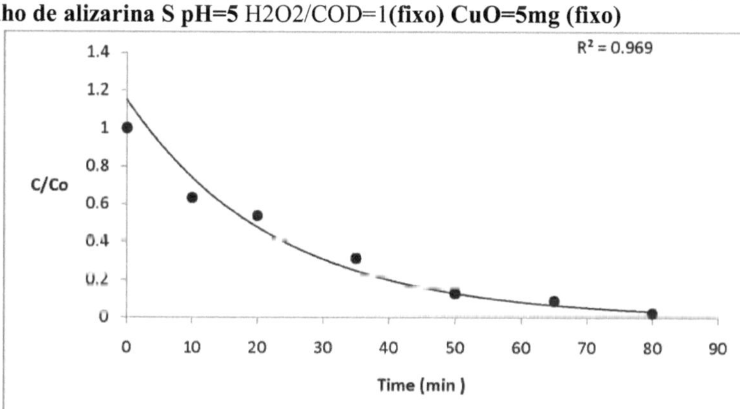

Fig.3.28. Diminuição da concentração do substrato em função do tempo Substrato vermelho de alizarina S pH=7 H2O2/COD=3,(fixo) CuO=5mg(fixo)

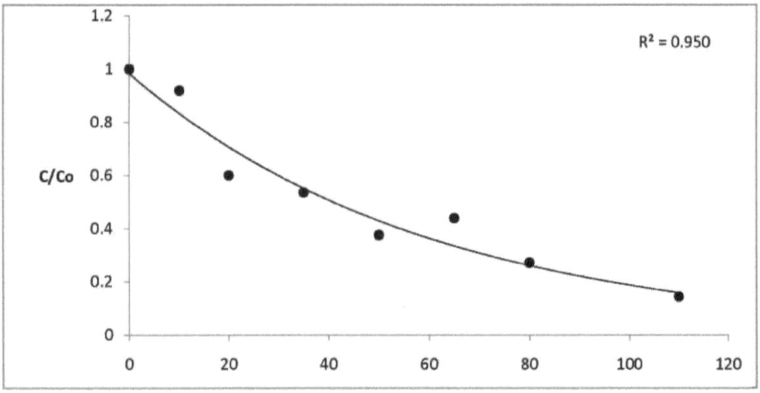

Fig. 3.29. Diminuição da concentração do substrato em função do tempo Substrato vermelho de alizarina S pH=9 H2O2/COD=3,(fixo) CuO=5mg(fixo)

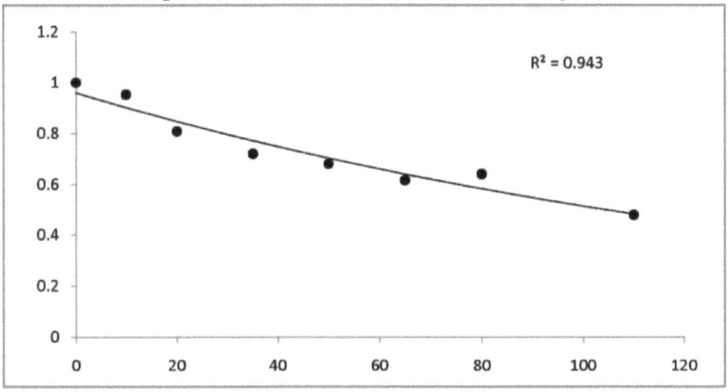

Fig. 3.30 Diminuição da concentração do substrato em função do tempo Substrato vermelho de alizarina S pH=11 H2O2/COD=3(fixo) CuO=5mg(fixo)

Otimização da relação H2O2/COD

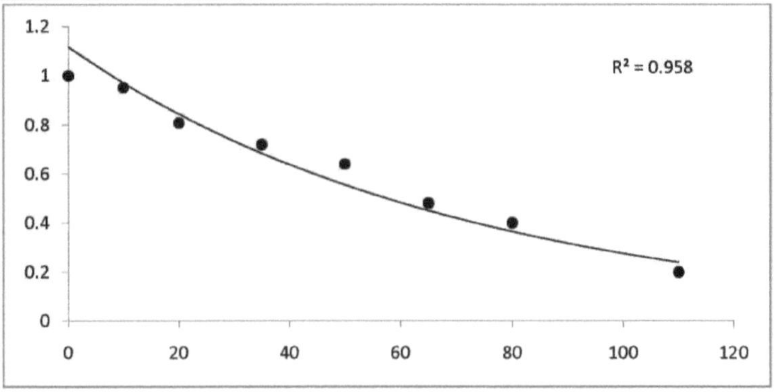

Fig. 3.31. Diminuição da concentração do substrato em função do tempo Substrato vermelho de alizarina S pH=7(fixo) H2O2/COD=1, CuO=5mg(fixo)

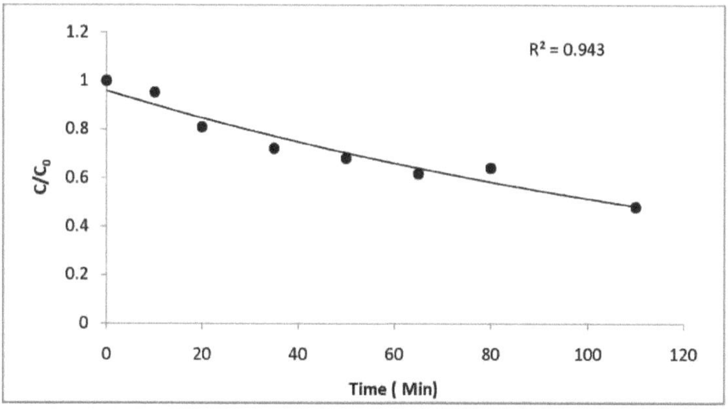

Fig.3.32- Diminuição da concentração do substrato em função do tempo Substrato vermelho de alizarina S pH=7 (fixo) H2O2/COD=1,5 CuO=5 mg(fixo)

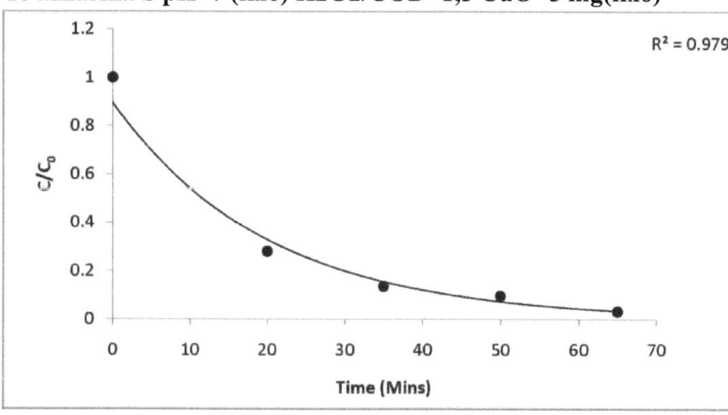

Fig. 3.33.Diminuição da concentração do substrato em função do tempo Substrato vermelho de alizarina S pH=7(fixo) H2O2/COD=0,25 CuO=5mg (fixo)

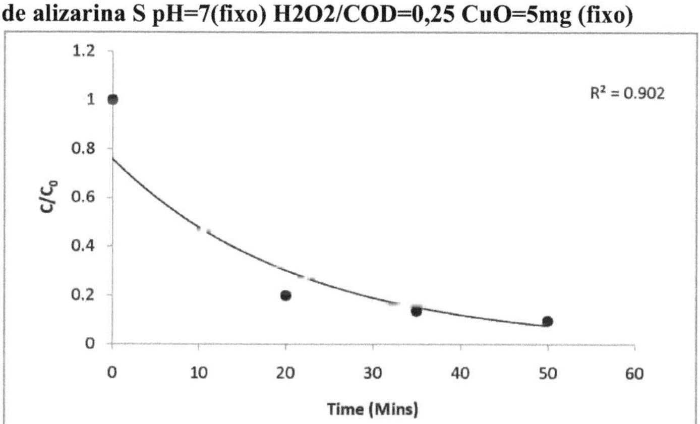

Fig. 3.34 Diminuição da concentração do substrato em função do tempo Substrato vermelho de alizarina S pH=7 H2O2/COD=0,5 CuO=5mg(fixo)

Otimização do nanofotocatalisador de CuO

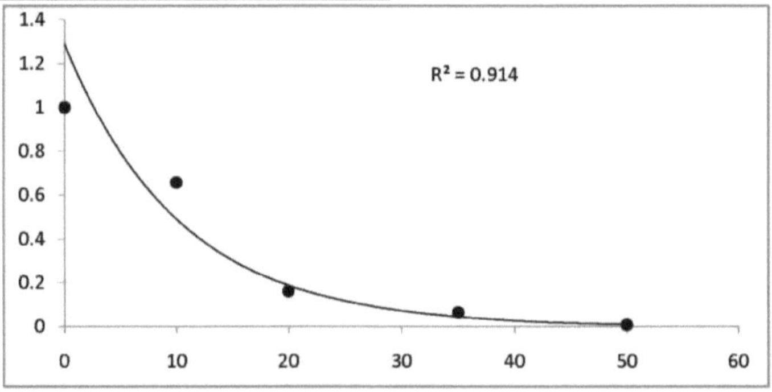

Fig. 3.35-Diminuição da concentração do substrato em função do tempo Substrato vermelho de alizarina S pH=7(fixo) H2O2/COD=1**(fixo) CuO=3mg**

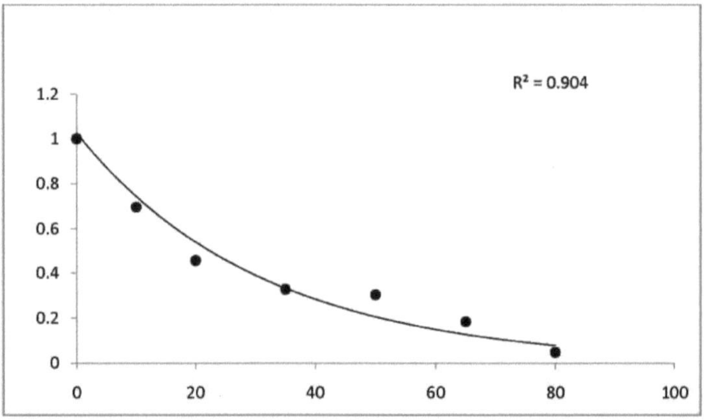

Fig.3.36 Diminuição da concentração do substrato em função do tempo Substrato vermelho de alizarina S pH=7 (fixo) H2O2/COD=1 **(fixo) CuO=7mg**

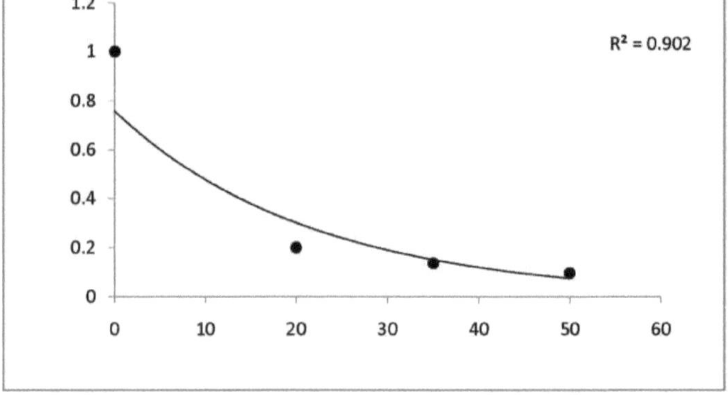

Fig. 3.37- Diminuição da concentração do substrato em função do tempo Substrato vermelho de alizarina S pH=7(fixo) H2O2/COD=1 (fixo) CuO=10 mg

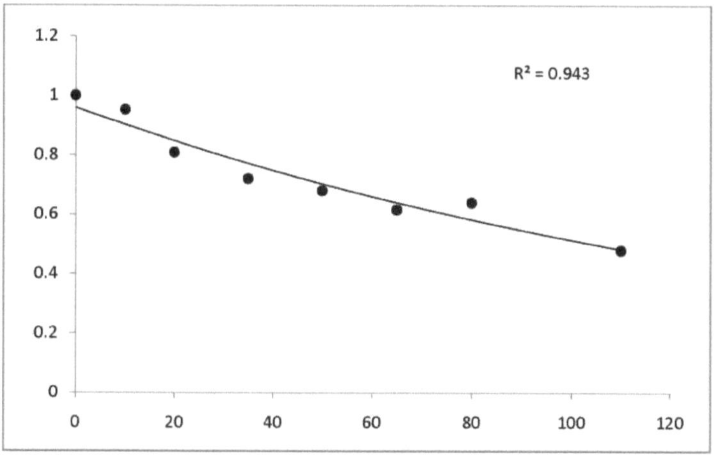

Fig. 3.38 Diminuição da concentração do substrato em função do tempo Substrato vermelho de alizarina S pH=7 (fixo) H2O2/COD=1 (fixo) CuO=15 mg

A variação do pH, do rácio H2O2/COD e da quantidade de doses de fotocatalisador CuO com a % de degradação do substrato pode ser resumida nas figuras abaixo.

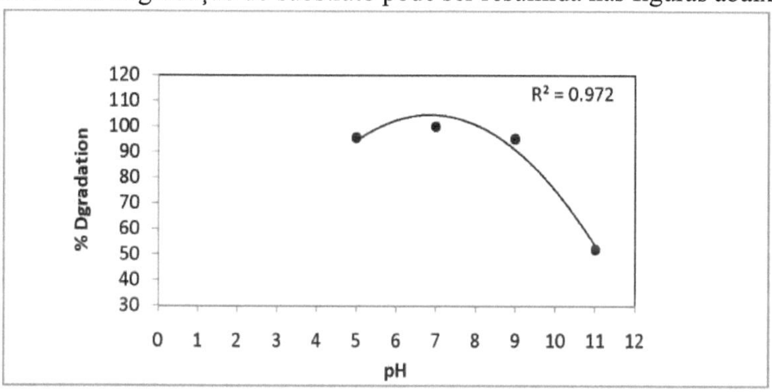

Fig. 3.39 % de degradação em função do pH

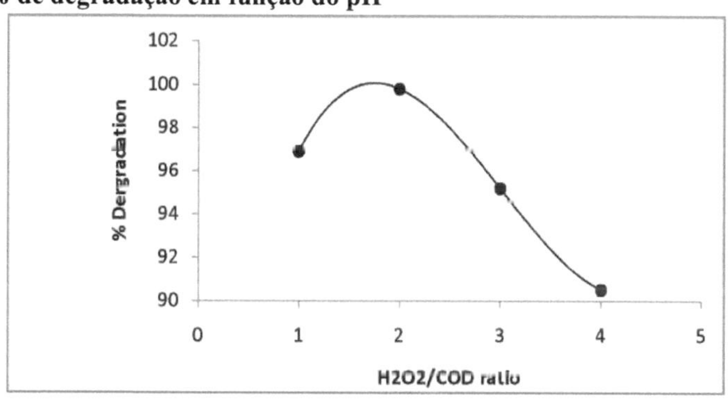

Fig. 3.40 % de degradação em função de H2O2/COD

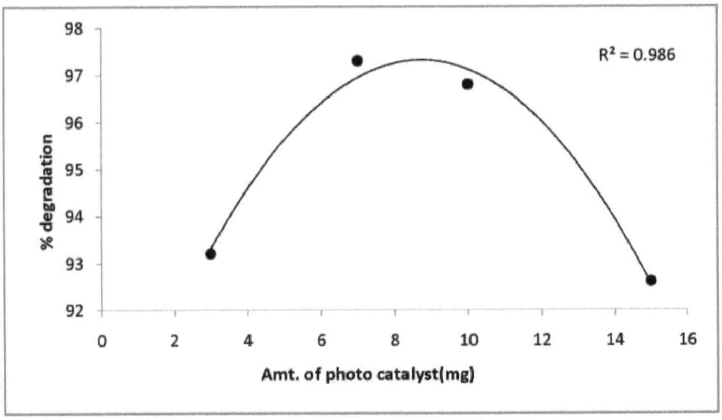

Fig. 3.41. % de degradação em função das doses de fotocatalisador

CAPÍTULO 4

CONCLUSÃO

CONCLUSÕES:

A presente investigação, intitulada ***"NnoPoOotoaatayssis of dyes Wastewater"***, conduziu a algumas conclusões importantes, como se indica a seguir.

1. A oxidação foto-catalítica solar utilizando o oxidante H2O2 amigo do ambiente e nano-catalisadores não tóxicos ZnO e CuO revela-se um processo viável e relativamente barato. O peróxido de hidrogénio oxidante mostra uma rápida diminuição da concentração quando exposto à radiação solar e é completamente utilizado quando utilizado em níveis de concentração óptimos no sistema de reação.
2. Os tratamentos foto-oxidativos são também amigos do ambiente, uma vez que os contaminantes são totalmente mineralizados em vez de serem transferidos de uma fase para outra, evitando assim a possibilidade de poluição secundária.
3. Os POA oferecem a caraterística atractiva de o substrato ou poluente poder ser completamente eliminado. Estas vantagens oferecidas pelo peróxido de hidrogénio justificam a sua escolha como agente oxidante amigo do ambiente.
4. O decaimento do oxidante H2O2 seguiu muito de perto a cinética de ordem zero. A relação estequiométrica óptima entre o oxidante e a concentração de CQO (H2O2: CQO) foi determinada como sendo de 1:1,2.
5. Os processos avançados de foto-oxidação são fortemente dependentes do pH. Os resultados mostram que a degradação do substrato prosseguiu lentamente na primeira hora do tempo de reação, seguida de um ritmo mais rápido e da mineralização completa do substrato em quatro horas de tempo de contacto.
6. O tratamento por foto-oxidação oferece uma vantagem adicional em comparação com outros processos de tratamento secundário e terciário bem conhecidos, na medida em que não só mineraliza os resíduos, como também provoca uma descoloração, desodorização e desinfeção completas das águas residuais.
7. A concentração do fotocatalisador desempenha um papel importante no processo de foto-oxidação. O processo fotocatalítico heterogéneo que utiliza o fotocatalisador ZnO e CuO assistido por irradiação solar deu uma eficiência de degradação do poluente de cerca de 90-95 % em comparação com a oxidação fotolítica homogénea por H2O2 assistida por irradiação solar.
8. O processo solar +H2O2+nanofotocatalisador apresenta uma eficiência de tratamento superior à do processo solar+H2O2 até um determinado limite, para além do qual a % de eficiência de degradação diminui. O aumento da quantidade de catalisador aumenta o número de sítios activos na superfície do catalisador que, por sua vez, aumenta o número de radicais .OH e $O2^{-2}$. O conteúdo do reator torna-se turvo e opaco à luz na presença de partículas muito finas de fotocatalisador em suspensão, o que leva a uma diminuição da penetração da irradiação solar, bem como à dispersão

dos raios solares. Isto reduz a geração de pares eletrão-buraco e, em última análise, leva a uma diminuição da eficiência do tratamento.

9. O fotocatalisador adicionado pode ser recuperado, reciclado e reutilizado após o tratamento e pode ser utilizado pelo menos duas vezes sem alteração significativa da eficiência.

10. A fotocatálise heterogénea é um método proeminente para a degradação de corantes e de águas residuais industriais contidas, em sistema aquoso, sob manuseamento simples, sem necessidade de equipamento técnico específico, e também pouco dispendioso, com menor investimento, menor necessidade de energia e produzindo subprodutos inofensivos.

11. Embora o ZnO seja o catalisador mais eficiente na degradação de muitos poluentes orgânicos e corantes, tem a desvantagem de sofrer foto-corrosão sob iluminação em condições ácidas.

13. O custo de aplicação deste processo, embora mais elevado, compensa-se pelo facto de não subsistirem problemas de poluentes secundários após o tratamento. Assim, pode ser considerado competitivo com os custos de outras metodologias avançadas de tratamento de águas residuais semelhantes, como o tratamento com carvão ativado granular (CAG), processos de membrana e processos de oxidação húmida.

14. A investigação futura deve também investigar a eficácia destas tecnologias em combinação com outros tratamentos rentáveis, como o tratamento biológico.

15. A facilidade de preparação, manuseamento e separação do fotocatalisador da solução são algumas das vantagens deste sistema. A melhoria da atividade fotocatalítica deste sistema através da dopagem de alguns metais na superfície do catalisador está a ser investigada na nossa biblioteca

O presente trabalho justifica, assim, as finalidades e os objectivos enumerados anteriormente.

Recomendações

Os objectivos do trabalho apresentado são de importância tanto académica como prática, uma vez que uma quantidade cada vez maior de poluentes orgânicos está a chegar às massas de água superficiais e subterrâneas, conduzindo a graves problemas de poluição. Esta investigação revela que os contaminantes refractários e os poluentes prioritários, que são difíceis de eliminar do ambiente aquoso, podem ser completamente removidos e mineralizados por este método. Os resultados do presente estudo, envolvendo os vários processos de oxidação avançados, irão certamente lançar mais luz sobre este assunto. A necessidade atual dos países em desenvolvimento é a de tecnologias de limpeza rentáveis e a utilização de fontes de energia não convencionais para o efeito, pelo que devem ser realizados mais estudos deste tipo à escala piloto. Espera-se que estes resultados sejam úteis na conceção de sistemas de foto-oxidação

(PO) a aplicar no tratamento de águas residuais industriais, com a perspetiva futura de reutilização e reciclagem das águas residuais.

CAPÍTULO 5

REFERÊNCIAS

Referências:

[1] D. Beydoun, R. Amal, G. Low e S. McEvoy, "Role of nanoparticles in photocatalysis", Journal of Nanoparticle Research,1(1999)439-458.

[2]Howe R. F., Recent developments in photocatalysis, Dev. Chem. Eng. Mineral Processes,6(1998)55-84.

[3]Jyoti P. Borah, J. Barman, K. C. Sarma, "Structural and optical properties of ZnS nanoparticles, chalcogenide letters, 5(2008), 201-208.

[4] M. Cahay (2001) "Qunatum confinement 6-Nanostructured Materials and Devices-Proceedings of the International Symposium." Sociedade Eletroquímica 2012.

[5]A. K. Singh (ed.), "Advanced x-ray techniques in research and industries", los Pr Inc,2005.

[6]Y. Paz e A. Heller, "Photo-oxidative self cleaning transparent titanium dioxide films on soda lime glass: the deleterious effect of sodium contamination and its prevention", J.Mater.Res.12, 2759-2766(1997)

[7]M. Hirscher, Handbook of hydrogen storage: New Materials for future energy storage, Wiley-VCH Verlang GmbH and Co. KGaA, Winhelm (2010)

[8]Altork, L. N. e Busby, J.R., "Hydrogen fuel cells: Part of the solution", technology and engineering teacher,70(2),22-27.

[9]Espectroscopia H. Kaur Capítulo-5, Espectroscopia Vibracional (Infravermelho), pg.154-157 (2014)

[10] Carraro, Mauro; SartorelCampagna, Sebastiano; Prato, Maurizio; Bonchio, Marcella (2011). "Desafios da fotossíntese artificial: Oxidação da água em interfaces nanoestruturadas" *Tópicos em Química Atual* **303**: 121-150.

[11] Valle D., F. et al; F.; Villoria De La Mano, J.A.; Alvarez-Galvan, M.C.; Fierro, J.L.G. (2009). "Separação fotocatalítica de água sob luz visível: conceito e requisitos de materiais". *Avanços em Engenharia Química* **36**: 111-143.

[12] Head J., Turner J.,(2001) "Analysis of the water splitting capabilities of Gallium Indium Phosphide Nitride(GalnPN) ", Journal of Undergraduate Research 01/2007U.S. Department of energy journals of undergraduate research pg.26-31.

[13] Skillman J.B. (2008). "Variação do rendimento quântico nas três vias da fotossíntese: ainda não saiu do escuro". *J. Exp. Bot.* ***59*** (7): 1647-61.

[14] H. Unlu (1992). "A Thermodynamic Model for Determining Pressure and Temperature Effects on the Bandgap Energies and other Properties of some Semiconductors". *Solid State Electronics* ***35*** (9): 1343-1352.

[15]A. Kudo, Y. Miseki,(2009),"Heterogeneous Photocatalyst materials for water splitting", Chemical Society Rev.38,pg.253-278.

[16] Ramsden J.J. "Nanotechnology: An Introduction", Elsevier, Amesterdão (2011),

capítulo 2.7, pág. 28-30.
[17] Mnyusiwalla, Anisa; Daar, Abdallah S; Singer, Peter A (2003). "Mind the gap: ciência e ética na nanotecnologia". *Nanotecnologia* **14** (3): R9.
[18] Zalesskiy, Sergey; Ananikov Valentine (março de 2012). "Pd2 (dba) 3 como um precursor de complexos metálicos solúveis e nanopartículas: Determinação de espécies activas de paládio para catálise e síntese". *Organometálicos* **31** (6): 2302-2309.
[19]Masel R.L, 1996,"Principles of adsorption and reaction on solid surfaces",Wiley series in chemical engineering,Wiley-Interscience,New York,USA pg778-804.
[20],Barbaro P., Liguori F.,ed.(2010): "Heterogenized homogeneous catalysts for fine chemical production:materials and process "Dodrecht:Springer.vol.33pg.29-35.
[21] Alain R., Jurgen S.,Patin,Henri(2002): "Reduced transition metal colloids:a novel family of reusable catalysts?" *Chem. Rev.,* 2002, 102 (10), pp 3757-3778.
[22]Buil,MariaL.,Esteruelas,MiguelA.,Niembro,Sandra,Olivan,Montserrat,Orzechowski,Lars,Pelayo,Cristina Vallribera, Adelina(2010),"Dehalogenation and hidrogenação de compostos aromáticos catalisada por nanopartículas geradas a partir de complexos de ródio bis(imino) piridina", organometálicos 29(19).
[23]Moshfegh,A.Z.(2009),"Nanoparticle catalysts",Journal Of Physics D:Applied Physics vol.42(23)pg.58-62.
[24] Whitesides, G.M., et al. (1991). "Molecular Self-Assembly and Nanochemistry: A Chemical Strategy for the Synthesis of Nanostructures" [Uma estratégia química para a síntese de nanoestruturas]. *Ciência* **254** (5036): 1312-9.
[25] Mattesini M, de Almeida J. S., Dubrovinsky L., Dubrovinskaia L, Johansson B., Ahuja R. (2004). "Síntese de alta pressão e alta temperatura do polimorfo cúbico de TiO2". *Phys. Rev. B* **70** (21): 212101.
[26]Khaydarov A.R., Khaydarov R.R.,Gapurova O.,Nasirova N.K.(2013): "VOC degradation in atmosphere by nanophotocatalysts",Disposal of dangerous chemicals in urban areas and mega cities;NATO science for peace and security series C:Environmental Security,pg.139-150
[27] Salehi M., Hashemipour H., Mirzaee M.,(2012),Estudo Experimental dos Factores de Influência e Cinética na Remoção Catalítica de Azul de Metileno com Nanopó de TiO2, *American Journal of Environmental Engineering*, Vol.2(1): 1-7
[28] Zuas O., Budiman H., Hamim N.,(2013), Síntese de nanopartículas de ZnO para descoloração catalítica rápida induzida por micro-ondas do corante vermelho congo, Advanced materials letters, VBRI press,
[29] Daniyan A.A., Umoru1 L.E., Olunlade B., (2013) Preparação de filmes finos de Nano-TiO2 utilizando o método Spin Coating, Journal of Minerals and Materials Characterization and Engineering ,vol (1), 138-144
[30] Aneesh P. M., Vanaja K. A., Jayaraj M. K., (2007) ,Synthesis of ZnO nanoparticles by hydrothermal method,Nanophotonic Materials IV, Vol. 6639, 66390J

[31] Rongliang Qiu , Dongdong Zhang , Yueqi Mo, Lin Song,Eric Brewer , Xiongfei Huang, Ya Xiong, (2008), Photocatalytic activity of polymer-modified ZnO under visible light irradiation, *Journal of Hazardous Materials* ,156 ,80-85.

[32] Meena V.K. e Meena R.C., (2010) Estudos sobre a fotodegradação do alaranjado de metilo em solução aquosa utilizando o fotocatalisador Dowex11 imobilizado, *J. Ind. Council Chem*, Vol. 27, No. 2, pp. 180-184.

[33] Swati, Munesh e R. C. Meena R. C.,(2012) ,Photocatalytic degradation of textile dye through an alternative photocatalyst methylene blue immobilized resin dowex 11 in
presença de luz solar, *Archives of Applied Science Research*,4 (1):472-479

[34] Hariprasad N., Anju S.G., Yesodharan E.P. e Yesodharan Suguna , May (2013), Sunlight induced removal of Rhodamine B from water through Semiconductor Photocatalysis: Efeitos da Adsorção, Condições de Reação e Aditivos, , *Research Journal ofMaterial Sciences*, Vol. 1(4), 9-17

[35] Gayathri P.V., Vidya Lekshmi K.P., Suguna Yesodharan, Yesodharan E.P., (2011), *IOSR Journal of Applied Chemistry (IOSR-JAC)* ,PP 01-11

[36] Li W. X., Photocatalysis of Oxide Semiconductors, (2013), *Journal of the Australian Ceramic Society Volume* 49[2], 41 - 46.

[37] Mitra Gholami,, Hamid Reza Nassehinia, Ahmad Jonidi-Jafari, Simin Nasseri e Ali Esrafili, (2014),Comparação da remoção de benzeno e tolueno do ar poluído sintético com a utilização de TiO2/ZnO nanofotocatalítico, Journal of Environmental Health Science & Engineering, 12:45

[38] K. M. Joshi, B. N. Patil e V. S. Shrivastava,(2011) ,Preparation, Characterization and Applications of Nanostructure PhotocatalystsArchives of Applied Science Research,3 (2):596-605

[39] Muhammad A., Shafeeq A.,Bbutt M. A.,Rrizvi Z.H., Chughtai M.A. (2008), Decolorization and removal of cod and bod from raw and biotreated textile dye bath effluent through advanced oxidation processes (Aops). Rehmanbrazilian journal of chemical engineeringvol. 25, no. 03, pp. 453 - 459, julho - setembro,

[40] D.P. Volanti , D. Keyson, L.S. Cavalcante c, A.Z. SinToes, M.R. Joya d, E. Longoa, J.A. Varela ,P.S. Pizani ,A.G. Souza,(2008) ,Síntese e caraterização da nanoestrutura floral de CuO processada por um micro-ondas hidrotérmico domésticoJournal of Alloys and Compounds 459 537-542

[41] D. Keyson a,b, D.P. Volanti c, L.S. Cavalcante ,, A.Z. Simo~es ,J.A. Varela c, E. Longo , (2008) ,CuO ouriço-nanoestruturas sintetizadas a partir de um método hidrotérmico doméstico de microondasMaterials Research Bulletin 43 771-775

[42] Fei Tenga, Wenqing Yaob, Youfei Zhenga, Yutao Mac, Yang Tengd, Tongguang Xub, Shuhui Liangb, Yongfa Zhub, (2008), Synthesis of flower-like CuO nanostructures as a sensitive sensor for catalysisSensors and Actuators B 134 761768

[43] Ha-Chul Song, Seong-Hun Park, e Young-Duk Huh, (2007) ,Fabrication of Hierarchical CuO Microspheres Bull. Sociedade Coreana de Química. Soc., Vol. 28, No. 3 477

[44] Christian O. Dimkpa , Joan E. McLean , Drew E. Latta , Eliana Manango'n ,David W. Britt ,William P. Johnson , Maxim I. Boyanov , Anne J. Anderson , (2012) ,CuO and ZnO nanoparticles: phytotoxicity, metal speciation, and induction of oxidative stress in sand-grown wheat, J. Nanopart Res, 14:1125

[45] Joshua J. Prince, Krishnan S., Vidhya Raj D.J., Uthrakumar R.,Subha Laxmi, Jerome Das S., (2010), formação de nanofios de Cuo hierárquicos numa superfície de cobre através de um processo de imersão em solução à temperatura ambiente ,J. Chil. Chem. Soc. ,V.55 n.1 [46] Rashad M.,. Rusing M., Berth G., Lischka K., Pawlis A., (2013), CuO e Co3O4 Nanopartículas: Síntese, Caracterizações e Espectroscopia RamanJournal of Nanomaterials

Volume, Artigo ID 714853, 6 páginas

[47] Superb K. Misra, Agnieszka Dybowska, Deborah Berhanu, Marie Noele Croteau, Samuel N. Luoma,Aldo R. Boccaccini, e Eugenia Valsami-Jones, (2012) Isotopically Modified Nanoparticles for Enhanced Detection in Bioaccumulation Studies ,ACS *Environ. Sci. Technol.,* 46, 1216-122

[48] Sonia B.H., Deshpandea M.P., Bhatta S.V., Chakia S.H.e Haresh Kaheriab,(2011), Estudo sobre a atividade antimicrobiana de nanopartículas de ZnO não dopadas e dopadas com Mn sintetizadas por irradiação de microondasArquivos de Investigação em Ciências Aplicadas, 3 (6):173-179

[49] Virendra Chandore, Gopal Carpenter, Ravindra Sen, Nitish Gupta, (2013) Síntese de ZnO nano cristalino pelo método de combustão assistida por micro-ondas: Uma rota ecológica e livre de solventes International Journal of Environmental Science: Desenvolvimento e Monitorização (IJESDM) ISSN No. 22311289, Volume 4 No. 2

[50] Oman Zuas, Harry Budiman,(2013),Síntese de Titânia Nanoestruturada dopada com Cobre

e suas propriedades,*Nano-Micro Lett.* 5(1), 26-33

[51] J. Velez, R. Arce, D. Alburquenque, J.L. Gautier, C. Zuniga e F. Herrera , (2013) Passos simples para a síntese de materiais mesoporosos de óxido de silício usados como modelo, *Journal of Minerals and Materials Characterization and Engineering,* , 1, 138-144

[52] G. Canton, R. Ricco, F. Marinello, S. Carmignato , F. Enrichi, (2011), Modified Sto "ber synthesis of highly luminescent dye-doped Silica nanoparticles, *J Nanopart Res.*

[53] Gnanasangeetha D. e Sarala Thambavani D.,(2013), One Pot Synthesis of Zinc Oxide Nanoparticles via Chemical and Green Method, *Research Journal of Material Sciences* Vol. 1(7), 1-8.

MIX
Papier aus verantwortungsvollen Quellen
Paper from responsible sources
FSC® C105338

Printed by Books on Demand GmbH, Norderstedt / Germany